MERCEDES-BENZ
SLK & SLC

ALLE GENERATIONEN, ALLE BAUJAHRE

Michael Allner

Motor buch Verlag

Einbandgestaltung: Frank Zähringer unter Verwendung von Motiven aus dem Daimler Archiv

Bildnachweis: Soweit nicht anders bezeichnet, Mercedes-Benz AG beziehungsweise Mercedes-Benz Classic
S. 5: Finn Allner
S. 30: Ford Werke GmbH
S. 44/45: Unternehmensarchiv der Audi AG, BMW AG, Mazda Motors (Deutschland) GmbH, Porsche AG
S. 52 bis 57: mit freundlicher Genehmigung von auto motor und sport
S. 88: Fiat Chrysler Automobiles
S. 182/183: Jürgen Frank
S. 225: oben Museum Schloss Bernburg, unten Thomas Geiger
S. 228/229 und 232/233: mbslk.de
S. 230/231: slkclassic.de (Frank J. Friese)

ISBN 978-3-613-043671

1. Auflage 2021

Sie finden uns im Internet unter www.motorbuch-verlag.de

Lektorat: Joachim Kuch
Innengestaltung: IPa, 71665 Vaihingen/Enz; tebitron gmbh, 70839 Gerlingen
Druck und Bindung: Multiprint Ltd., Slavyanska Str. 10A, 2230, Kostinbrod, Bulgarien
Printed in Bulgaria

Inhalt

Vorwort ... 5

Prolog – Die historischen Wurzeln ... 6
Die Showcars von 1994 – SLK lasst grüßen ... 11

Der SLK ab 1996 Einführung Baureihe R 170 ... 14
Design – Moderne mit Tradition ... 18
Antrieb – zweierlei Maß ... 24
Karosserie – Magnesium halt Einzug ... 26
Variodach – in 25 Sekunden vom Coupé zum Roadster ... 27
Seitenblick: Stahlklappdach – gute Idee mit langer Tradition ... 30
Sicherheit – für alle Falle ... 31
Aerodynamik – windige Angelegenheit ... 37
Scheinwerfer – Kunststoff statt Glas ... 39
Fahrwerk – Basis von C und E ... 40
Verkauf – voller Erfolg ... 42
Seitenblick: Die Mitbewerber ... 44

Der SLK von 1997 bis 1999 Baureihe R 170 ... 46
1997: Brems-Assistent serienmäßig ... 48
Sondermodell SLK 230 Kompressor „Mille Miglia Edition ... 49
1998: Antriebs-Schlupfregelung an Bord ... 50
1999: Audio 30 mit Navigationssystem erhältlich ... 51

Der SLK ab 2000 Modellpflege Baureihe R 170 ... 58
Design – behutsame Modifikationen ... 61
Antrieb – mehr Kraft, mehr Gänge ... 67
Serienausstattung – jetzt mit ESP ... 73
Seitenblick: ABS, ETS, ASR, und ESP kurz erklärt ... 74
Änderungen im Detail – was man nicht sah ... 75

Der SLK von 2001 bis 2003 Baureihe R 170 ... 76
2001: neues Topmodell SLK 32 AMG ... 78
2002: Sondermodelle „Special Edition" und SLK 320 „Mille Miglia Edition ... 78
2003: Sondermodell „Final Edition ... 81

Zahlen, Daten und Fakten zur Baureihe R 170 ... 85
Technische Daten Baureihe R 170 ... 86
Seitenblick: Chrysler Crossfire auf Basis des R 170 ... 88

Der SLK ab 2004 Einführung Baureihe R 171 ... 91
Neue Motoren – sparsamer durch ausgeklügelte Technik ... 95
Getriebe – von fünf bis sieben Gängen ... 100
AIRSCARF – ein Schal aus warmer Luft ... 100
Variodach – mehr Kofferraum und schnellere Betätigung ... 101
Neue Leuchten – Modernes vorn und hinten ... 102
Prima Klima – drei Systeme zur Auswahl ... 103
Ausstattung – Neues in Serie oder gegen Aufpreis ... 105
Audiosysteme – Varianten für jeden Geldbeutel ... 105
Karosserie – steifer und sicherer ... 106
Das Fahrwerk – Dreilenkerachse und Zahnstangenlenkung ... 108
SLK 55 AMG – mehr ging nicht in dieser Klasse ... 109
Seitenblick: SLK 55 AMG als Safety Car in der Formel 1 ... 112

Der SLK von 2005 bis 2007 Baureihe R 171 ... 118
2005: Vision SLK 320 CDI, neuer SLK 280 ... 118
2006: SLK Asia Cup, SLK 55 AMG Black Series und Sportpaket ... 119
2007: AMG Performance Package Sondermodelle „Edition 10" und „Sport Edition ... 124

Der SLK ab 2008 Modellpflege Baureihe R 171 ... 126
Design – und wieder einmal sportlicher ... 128
Motoren – SLK 350 Sportmotor ... 131
Direktlenkung – variable Lenkübersetzung ... 132
Telematik – Media-Interface und Sprachbedienung ... 134

Der SLK von 2009 bis 2010 Baureihe R 171 ... 136
2009: Sondermodell „2LOOK Edition ... 138
2010: Sondermodell „Grand Edition", Radio Serie, AMG Driver's Package ... 139
Technische Daten Baureihe R 171 ... 140

Der SLK ab 2011 Einführung Baureihe R 172 142
Design – erwachsen und stilvoll 144
Sport-Paket – jetzt mit AMG Styling 147
Motoren – deutlich sparsamer, Start-Stopp-Automatik, Turboaufladung 152
Variodach – undurchsichtig, durchsichtig oder umschaltbar 153
Fahrwerk – drei Varianten zur Auswahl 155
Rohbau – Motorhaube und Kotflügel aus Aluminium 156
Aerodynamik – Feinarbeit im Detail 156
Scheinwerfer – erstmalig Intelligent Light System 157
Sicherheit und Komfort– neue Assistenten in Serie oder als Sonderausstattung 159
Entertainment – der SLK geht online 162
Edition 1 – ab Marktstart 163
Sondermodell „pur“ – nur zwei Monate 164
Umweltzertifikat – beispielhafte Öko-Bilanz 164
SLK 55 AMG – V8 mit Zylinderabschalung 165
SLK 250 CDI – der erste SLK mit Dieselmotor 168
Seitenblick: der SLK und die Promis 172

Der SLK von 2012 bis 2015 Baureihe R 172 174
2012: Fahrerassistenzpaket mit Totwinkel- und Spurhalte-Assistent 176
2013: Panorama-Variodach Serie, AMG Line und Sport-Paket 177
2014: Sondermodell „CarbonLOOK Edition“ 178
2015: Neungang-Automatikgetriebe, SLK 300 179
Seitenblick: Jürgen Frank – mehr als ein halbes Berufsleben SLK 182

Der SLC ab 2016 Modellpflege Baureihe R 172 186
Design – Diamantgrill, Scheinwerfer mit „Augenbraue 186
Motoren – neues Einstiegsmodell SLC 180, neues Topmodell SLC 43 192
Dynamic Select – fünf Fahrprogramme zur Auswahl 193
Variodach – komfortablere Bedienung 193
Individualisierung – AMG Line, Sport-Paket oder AMG Night-Paket 195
Entertainment – 7-Zoll-Display Serie, Remote online 198
SLC 43 – der neue Einstieg in die Roadster-Welt von AMG ... 199

Der SLC ab 2017 bis 2020 Baureihe R 172 202
2017: Sondermodell „RedArt Edition 204
2018: Ottopartikelfilter, LTE und neue Farben 205
2019: SLC 180 entfällt für Europa 205

2020: Sondermodell „Final Edition“ 208
Mercedes-AMG SLC 43 Final Edition 210
Technische Daten Baureihe R 172 218

Zum Schluss Zahlen, Fakten, Anekdoten 222
Informationsquellen im Internet 229
Lackierungen, Polster und Zierelemente SLK & SLC 234
Im Bild: Lacke, Rader, Polster, Zierelemente und Lenkräder 242
Maßzeichnungen 252

Stichwortverzeichnis 260

Danke 263

Vorwort

Wir schreiben das Jahr 1996. Helmut Kohl war Bundeskanzler. Das Schaf Dolly als erstes geklontes Säugetier der Welt beherrschte die Schlagzeilen. Deutschland wurde in England Fußball-Europameister. Und Michael Jackson beklagte sich »They don't care about us.« War das wirklich alles? Nein, denn 1996 kam der SLK von Mercedes-Benz in den Handel und veränderte die Roadster-Welt. Sein Stahlklappdach machte den Roadster zu einem echten Ganzjahresfahrzeug.

Als im Jahr 2017 die erste Auflage dieses Buches erschien, endete die Chronik noch mit dem Sondermodell »RedArt Edition«. Diese aktualisierte und um 32 Seiten erweiterte Neuauflage stellt nun eine vollständige Chronik des SLK beziehungsweise SLC dar, da seine Produktion im Jahr 2020 eingestellt wurde. So führt dieses Buch den Leser Jahr für Jahr, beginnend bei den historischen Wurzeln über die ersten Showcars des Jahres 1994, zu den verschiedenen Baureihen, Modellpflegen, Prototypen und Sondermodellen, erläutert Hintergründe aus Technik und Design und erklärt die jeweils neuen Sonderausstattungen. Blicke über den Tellerrand erweitern das Wissen über den SLK: Die historischen Pioniere des Stahlklappdachs, der Chrysler Crossfire als Cousin des ersten SLK oder der SLK 55 AMG als Safety Car in der Formel 1. Und wenn nötig, finden sich für Nicht-Fahrzeugtechniker allgemeinverständliche Erklärungen komplizierterer Systeme. Für diejenigen, die ganz tief in die Materie einsteigen möchten, bietet dieses Buch schließlich noch ausführliche Tabellen der technischen Daten, der lieferbaren Lackierungen und Polster sowie Maßzeichnungen.

Viel Spaß beim Lesen
Michael Allner

Prolog
Die historischen Wurzeln

S OK 94H

Prolog – Die historischen Wurzeln

Zweisitzige Sportwagen haben eine lange Tradition bei Mercedes-Benz. Schon zu Beginn des 20. Jahrhunderts gehörten sie zur Modellpalette der Ursprungsmarken Mercedes und Benz. Von Anfang an zur Legende wurden die Sportwagen, die ab 1954 mit der magischen Bezeichnung SL (für „super leicht") auf den Markt kamen. 1954 war das Geburtsjahr des 300 SL „Flügeltürers" als Serienfahrzeug. 1955 ergänzte ein kleinerer Roadster, der 190 SL, das Angebot, zu dem sich 1957 noch eine offene Version des großen Bruders gesellte – der 300 SL Roadster. So gab es also Mitte der 1950er-Jahre schon einmal gleichzeitig zwei offene Sportwagen von Mercedes-Benz im Programm, die das Kürzel „SL" im Namen trugen.

Die Charaktere dieser beiden Roadster waren völlig unterschiedlich: Die Wurzeln des 300 SL stammten aus dem Rennsport und dementsprechend beeindruckend waren seine Fahrleistungen: 158 kW (215 PS) stark und mit einer Höchstgeschwindigkeit von rund 235 km/h für die damalige Zeit ungeheuer schnell. Sportlich und schnell war auch der 190 SL, allerdings in einem anderen Segment: Mit seinem 77 kW (105 PS) starken Vierzylindermotor war er eher ein eleganter Tourensportwagen als ein Hochleistungssportwagen. Der 190 SL kostete als Roadster mit Stoffverdeck 16.500 DM (mit zusätzlichem Hardtop 17.650 DM) und fand in den Jahren 1955 bis 1963 fast 26.000 Käufer. Der mit einem Preis von 32.500 DM (mit Hardtop 34.000 DM) fast doppelt so teure 300 SL Roadster konnte in den Jahren 1957 bis 1963 immerhin 1858 Käufer für sich gewinnen. Der 230 SL „Pagode" wurde 1963 zum gemeinsamen Nachfolger dieser beiden so unterschiedlichen SL Modelle, und bis zum Erscheinen des SLK besetzte der SL in seinen verschiedenen Generationen das Feld der zweisitzigen Sportwagen bei Mercedes-Benz allein.

Ende einer Ära: 1963 wurden die letzten 300 SL und 190 SL gebaut

190 SL (Baureihe W 121): eleganter Tourensportwagen mit 105 PS, Höchstgeschwindigkeit rund 170 km/h

300 SL Roadster (Baureihe W 198 II): Seine 215 PS ermöglichten eine Höchstgeschwindigkeit von 235 km/h

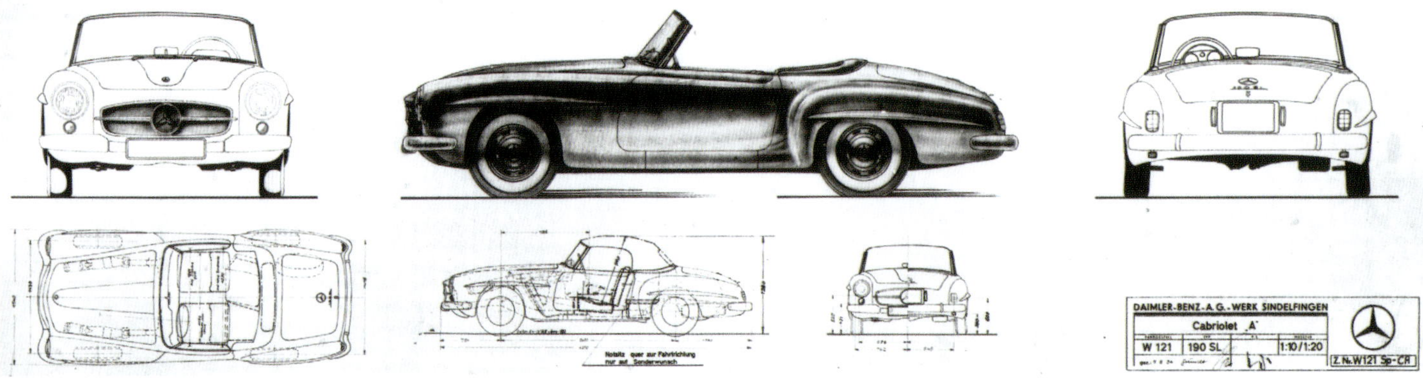

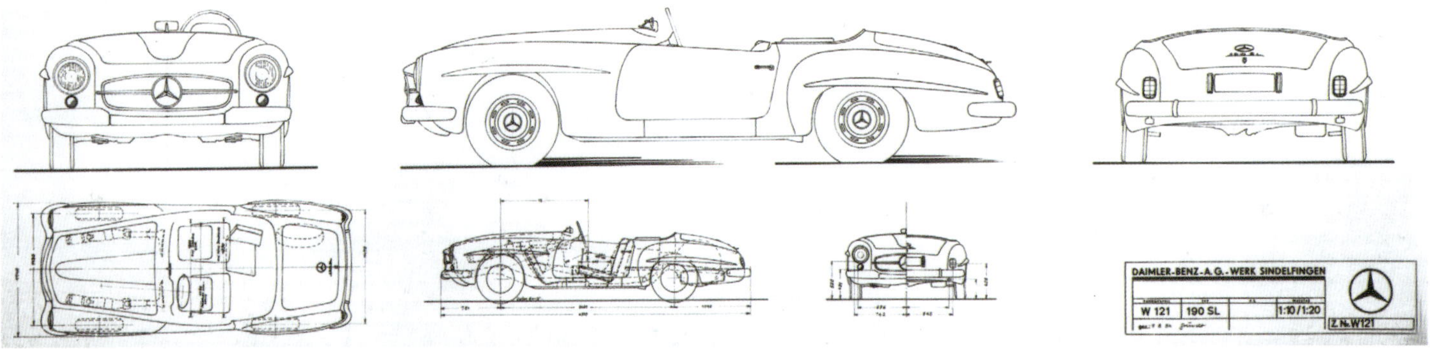

Planung und Realität: Der 190 SL vom Reißbrett und in der Praxis

Die Showcars von 1994

SLK lässt grüßen

31 Jahre später, 1994. Das Modellprogramm von Mercedes-Benz war im Vergleich zu heute immer noch sehr übersichtlich: Mit C-Klasse Limousine, E-Klasse Limousine, T-Modell, Coupé und Cabriolet, S-Klasse Limousine und Coupé, der altehrwürdigen G-Klasse, die schon damals seit 15 Jahren gebaut wurde, sowie dem SL fanden sich gerade einmal neun Baureihen in der Preisliste. Zeit, zu expandieren und dem SL wieder einen kompakten Sportwagen zur Seite zu stellen. Zumal auch andere Hersteller erkannt hatten, dass das Konzept des Roadsters wieder in Mode kam. Der Mazda MX-5 hatte bereits seit 1990 beachtlichen Verkaufserfolg, und das Porsche Showcar „Boxster Concept" deutete Anfang 1993 auf der Autoshow in Detroit darauf hin, dass hier ein Serienmodell folgen könnte.

Qual der Wahl: unterschiedliche Design-Modelle während des Entwicklungsprozesses

So liefen in der Designabteilung von Mercedes-Benz unter der Leitung von Bruno Sacco die Farbstift-Spitzer heiß. Über 20 Designer erhielten den Auftrag, eine dynamische Form zu erschaffen und gleichzeitig Tradition mit Moderne zu vereinen. Nur die besten Zeichnungsentwürfe schafften es schließlich in die Endrunde und wurden als Modell im Kleinformat realisiert.

Im April 1994 präsentierte Mercedes-Benz dann auf dem Autosalon in Turin eine erste Studie des SLK – was für sportlich, leicht und kurz stand. Diese silberne Studie verzichtete noch völlig auf ein Dach, die keilförmige Linienführung mit ihren kurzen Überhängen vorn und hinten stellte die Familienzugehörigkeit zum SL sicher. Gleichzeitig erinnerte der vollverkleidete Überrollschutz hinter jedem der beiden Sitze an den erfolgreichen Rennsportwagen 300 SLR von 1955. Der Innenraum gab sich mit Blick auf viel glänzendes Metall puristisch, nur 20 Prozent des Interieurs waren verkleidet.

Das änderte sich mit einer zweiten Studie, die im Herbst des gleichen Jahres auf dem Automobilsalon in Paris präsentiert wurde. Die unverkleideten Teile wichen üppig verwendetem Leder. Die Karosserie dieser Studie in Blau unterschied sich nur in Details von der ersten Studie, hatte aber nun offene, sichtbare Überrollbügel. Und jetzt ließ Mercedes die Katze aus dem Sack, denn der eigentliche Höhepunkt war das Stahlklappdach, von Mercedes-Benz als „Variodach“ bezeichnet. Dieses zweiteilige Dach ließ sich elektrohydraulisch angetrieben in 25 Sekunden öffnen oder schließen und machte so den Roadster zum Coupé oder umgekehrt – der Ganzjahresroadster war geboren. Oder zumindest schon einmal handfest für 1996 angekündigt.

Oben erste Studie des SLK für den Autosalon in Turin, unten weiter entwickelte Studie für den Automobilsalon in Paris

Erste Andeutungen: Die Front machte schon Appetit auf die Serie

Immer offen: Die Studie von Turin musste noch ohne Dach auskommen

Näher an der Serie: Das Interieur der Studie von Paris war weniger puristisch

Der SLK ab 1996

Einführung Baureihe R 170

Der SLK ab 1996

Einführung Baureihe R 170

Am 22. April 1996 feierte der serienmäßige SLK, wie schon das erste Showcar, seine Messepremiere in Turin, ab dem nächsten Tag war der SLK bei den Händlern bestellbar. Der Basispreis für den SLK 200 betrug 52.900 DM einschließlich Mehrwertsteuer, die damals noch 15 Prozent betrug, der SLK 230 Kompressor war ab einem Bruttopreis von 60.950 DM zu haben. Die Liste der Serienausstattungen konnte sich sehen lassen, hier ein Auszug: Antiblockiersystem, Airbags für Fahrer und Beifahrer, Antriebs-Schlupfregelung (nur bei den Kompressor-Modellen Serie), elektrisch einstellbare Außenspiegel, Außentemperaturanzeige, automatische Beifahrererkennung, elektrisch betätigte Fensterheber, elektronische Kindersitzerkennung, Lederlenkrad, Leichtmetallräder, Servolenkung, Schließanlage mit Infrarot-Fernbedienung, Sitzhöhenverstellung für Fahrer und Beifahrer, Windschott, Zentralverriegelung – und natürlich das Variodach. Gegen Aufpreis waren erhältlich zum Beispiel eine Fünfgangautomatik samt Tempomat (3438 DM), Klimaanlage (2645 DM), Lederausstattung (1955 DM), Sidebag für Fahrer und Beifahrer (747 DM) oder ein AMG Styling (7935 DM), bestehend aus Front- und Heckschürze, Seitenschwellerverkleidungen und Nachschalldämpfer im AMG Design.

Familienbande: Der 190 SL ist ein Urahn des SLK

Kein Kampf gegen Windmühlen:
Der SLK war ein Verkaufsschlager

1996 erhielt das Roadster-Segment kräftig Aufwind: Im März kam der BMW Z3 in den Handel, im August der Porsche Boxster – und am 14. September schließlich auch der SLK. Interner Name dieser ersten Baureihe: R 170.

Design – Moderne mit Tradition

Den Auftrag, dem SLK eine standesgemäß dynamische und moderne Form zu geben, hatten die Designer durch die speziellen Proportionen des SLK gelöst. Kurze Überhänge an der Front- und Heckpartie und der lange Radstand ließen den Roadster trotz einer Länge von nur 3995 Millimetern langgestreckt und dynamisch wirken. Die glatten Seitenflächen ohne Sicken wirkten spannungsvoll. Die breite Tür und eine nach hinten ansteigende Bordkante ließen das Auto von der Seite leicht keilförmig aussehen, dieser Eindruck wurde bei offenem Dach noch von den Überrollbügeln verstärkt. Das schnörkellose Heck mit den hohen Rückleuchten machte die Kraft sichtbar, die der SLK auf die Straße brachte.

Blieb noch die zweite Aufgabe, die Einbindung der Tradition. Hierfür kamen lediglich Detaillösungen zum Einsatz, schließlich sollte der SLK ja kein Retrofahrzeug werden. So war der Frontgrill eine Neu-Interpretation der traditionellen SL-Kühlermaske, und auch die beiden Powerdomes auf der Motorhaube erinnerten an den 300 SL aus den 1950er-Jahren.

Der Verkaufsprospekt stellte die Kunden mit vielen Farben vor die Qual der Wahl. Acht Außenlackierungen boten einen munteren Ausflug durch die Welt der Lacke: Yellowstone (Gelb), Linaritblau, Imperialrot, Vivianitgrün (Türkis), zwei verschiedene Schwarztöne sowie Weiß und Silber. Und je nach Lackierung standen für die Farbigkeit von Cockpit, Mittelkonsole, Türverkleidungen, Sitzen, Teile des Lenkrads, Schalthebelmanschette und Handschuhkasten-Deckel insgesamt fünf Varianten zur Wahl: „Scarlet" (Rot), „Mondrian" (Blau) und „Anthrazit", bei Stoffausstattung zudem noch „Mint"

Auftrag erfüllt: Auch in den Rundinstrumenten vereinigten sich klassische Elemente mit der Moderne

Verneigung vor dem 300 SL: Powerdomes auf der Motorhaube

Optischer Trick: Die kurzen Überhänge an Front und Heck sowie der lange Radstand ließen den Roadster länger wirken als er war

Innenausstattung Scarlet Leder (Code 227)

Innenausstattung Anthrazit Leder (Code 221)

Innenausstattung Mint (ausschl. Stoff, Code 026)

Innenaustattung Quarz (ausschl. Leder, Code 225)

Praktische Schublade: Auch Roadster-Fahrer haben mal Durst

Erinnerung an den Rennsport: Gumminoppen auf Pedalen und Einstiegsschienen

Acht Farbvarianten standen zur Wahl.
Die beliebteste Farbe wurde Silber

(Grün) und bei Lederausstattung „Quarz“ (Beige). Unabhängig von der gewählten Innenfarbe blieben aber der obere Teil der Instrumententafel, der Lenkradkranz und die Seitenteile der Sitzpolster einheitlich anthrazit.

Die Pedale und Einstiegsschienen aus Edelstahl mit ihren markanten Gumminoppen erinnerten an die puristische Ausstattung alter Rennfahrzeuge. Das Carbon-Design im Bedienfeld der Mittelkonsole und an den Luftdüsen und Türöffnern sorgte zusätzlich für eine sportliche Note.

Die Rundinstrumente im Cockpit wirkten mit ihren elfenbeinfarbigen Zifferblättern und den roten Zeigern zwar etwas nostalgisch, hatten aber etwas komplett Neues zu bieten: eine Wartungsanzeige. Im Display des Wegstreckenzählers erschien jeweils 2000 Kilometer oder 30 Tage vor dem nächsten fälligen Wartungstermin ein Symbol in Form eines Schraubenschlüssels. Gleichzeitig informierte die Anzeige, wie viele Kilometer bis zum fälligen Wartungstermin noch zurückgelegt werden konnten oder wie viel Zeit noch bis zu diesem Termin blieb. Wer an dieser Information nicht interessiert war, konnte sie durch einen Knopfdruck neben dem Tachometer ausblenden, ein zweimaliger Knopfdruck holte die Information wieder zurück.

Im Röntgenblick: Die Technik des SLK der Baureihe R 170 unter dem Blech

Antrieb – zweierlei Maß

Bis zur ersten Modellpflege im Jahr 2000 gab es den SLK in Deutschland in zwei Ausführungen: als SLK 200 oder als SLK 230 Kompressor, beide mit einem Vierzylinder-Reihenmotor mit Vierventiltechnik. Das Einstiegsmodell SLK 200 mit zwei Litern Hubraum leistete 100 kW (136 PS) und bot ein maximales Drehmoment von 190 Newtonmetern ab 3700/min, die Höchstgeschwindigkeit war mit 208 km/h angegeben. Der 2,3-Liter-Motor mit dem internen Kürzel M 111 E 23 ML war bereits seit 1995 in der C-Klasse im Einsatz und verfügte über einen Kompressor, was vor allem dem maximalen Drehmoment mit 280 Newtonmetern bei schon 2500/min zu Gute kam. Die Spitzenleistung lag bei 142 kW (193 PS), die Höchstgeschwindigkeit bei 231 km/h.

Aus steuerlichen Gründen war statt des SLK 230 Kompressor ein SLK 200 Kompressor mit 141 kW (192 PS) als Exportmodell für Italien, Portugal und Griechenland im Angebot: ausschließlich mit Schaltgetriebe, maximales Drehmoment 270 Newtonmeter bei 2500/min, Höchstgeschwindigkeit 231 km/h.

Der SLK 200 rollte vorn und hinten auf 15-Zöllern des Formats 205/60, die beiden Kompressor-Modelle hatten 16-Zoll-Räder der Größe 205/55 vorn und 225/50 hinten. Serienmäßig waren die drei Motorisierungen mit einem Fünfgang-Schaltgetriebe ausgestattet. Gegen Aufpreis gab es für den SLK 200 und den SLK 230 Kompressor ein Fünfgang-Automatikgetriebe. Hier ließ sich an der Mittelkonsole das spezielle Winterfahrprogramm „W“ wählen, das das Anfahren auf glatten Straßen erleichterte und einen zweiten, länger übersetzten Rückwärtsgang enthielt.

Blick ins Innere: Schnittbild des Motors M 111 E 20 vom SLK 200

SLK 200: 2,0 Liter Hubraum, 136 PS

SLK 230 Kompressor: 2,3 Liter Hubraum, 193 PS

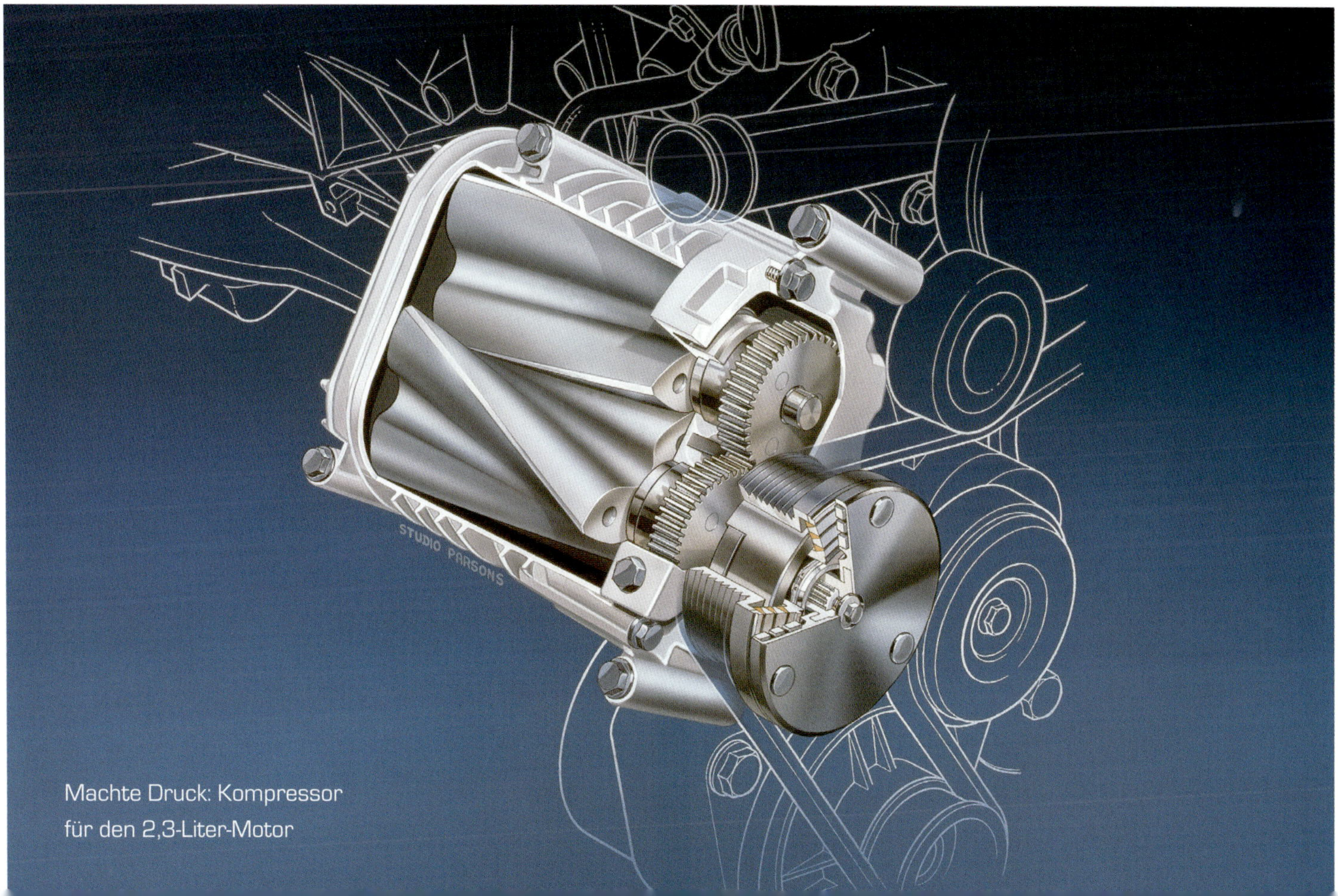

Machte Druck: Kompressor
für den 2,3-Liter-Motor

Karosserie – Magnesium hält Einzug

„Viel hilft viel“, heißt ein bekanntes Sprichwort, aber viel wiegt leider auch meist viel. Das Dilemma der Konstrukteure von offenen Autos ist, dass der fehlende Dachverband zunächst auch ein Fehlen von Steifigkeit im oberen Karosseriebereich nach sich zieht. Zusätzliche Versteifungen müssen also her – und die verursachen grundsätzlich auch zusätzliches Gewicht. Im Fall des SLK gelang es aber, eine Karosserie zu konstruieren, die trotz des fehlenden Dachverbands hinsichtlich Steifigkeit und Festigkeit das hohe Niveau einer Limousine erreichte. Und das Gewicht? Zum Vergleich: Der damalige C 200 der Baureihe 202 wog 1365, der SLK 200 dagegen nur 1270 Kilogramm. Gut, der SLK war 492 Millimeter kürzer als die C-Klasse – aber die Relationen waren vergleichbar. Wie hatten das die Ingenieure von Mercedes-Benz geschafft? Zum Beispiel durch den bei Mercedes-Benz erstmaligen Serien-Einsatz von Magnesium. Dieser Werkstoff, der ein rund 50 Prozent geringeres Gewicht als Stahl, dabei aber eine hohe Festigkeit hat, fand zum Beispiel Verwendung in der Trennwand hinter der Rückwand des Innenraums.

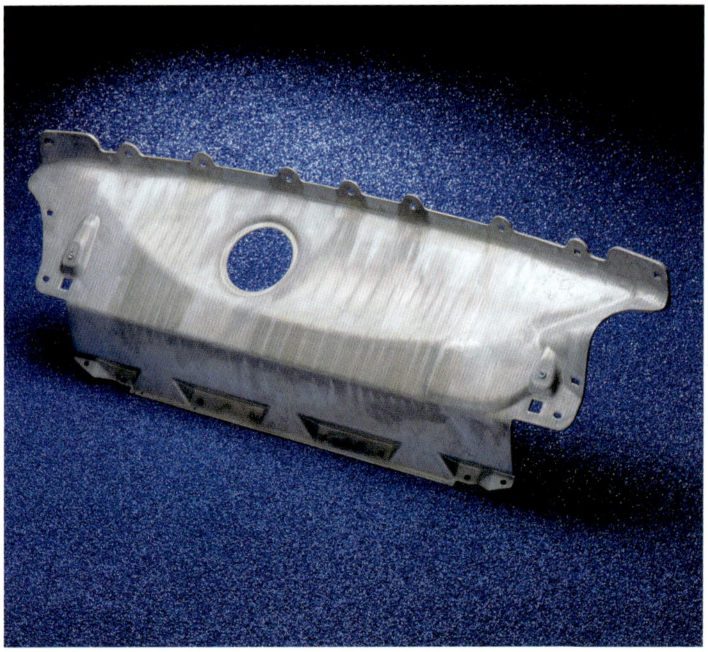

Gewichtsersparnis: Trennwand hinter der Rückwand aus leichtem Magnesium

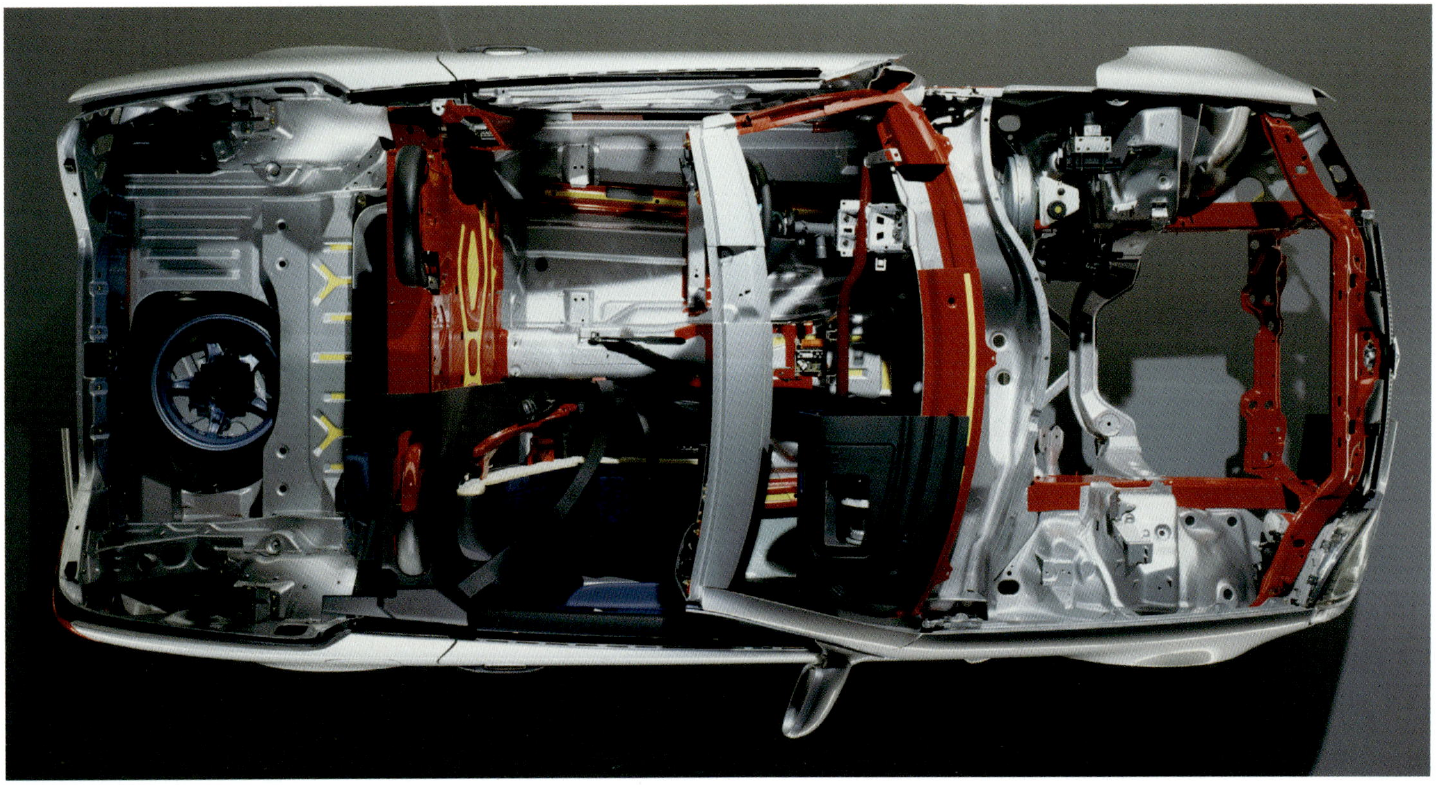

Geringe Blechdicke, gleiche Festigkeit: Über 30 Prozent des Rohbaus bestanden aus hochfestem Stahl

Auch die Zylinderkopf-Hauben und die zweiteilige Abdeckung hinter den Überrollbügeln bestanden aus Magnesium-Druckguss. Durch einen optimierten, intelligenten Stahlrohbau ließen sich weitere Pfunde einsparen. Hochfeste Stahlsorten ermöglichten bei gleicher Festigkeit eine Verringerung der Blechdicke, und so bestanden rund 32 Prozent aller Bleche in der Rohbaustruktur aus diesem Werkstoff.

Variodach – in 25 Sekunden vom Coupé zum Frischluft-Roadster

Das Variodach war zweifellos die eigentliche, weil weithin sichtbare Technik-Sensation im Karosseriebereich des SLK und sorgte für neugierige Blicke. Eine Hydraulikpumpe im Kofferraum steuerte den Bewegungsablauf des Variodachs. Sie arbeitete mit einem Druck von maximal 200 bar und steuerte fünf Hydraulikzylinder an. Zwei davon waren für den Antrieb des Variodachs zuständig, zwei steuerten die Bewegungen des Kofferraumdeckels, und ein weiterer Zylinder war für die automatische Verriegelung des Dachs am

Frischluftschalter: der Betätigungsknopf für das Verdeck

Im Zeitraffer: ausgeklügelter Verdeckmechanismus des SLK

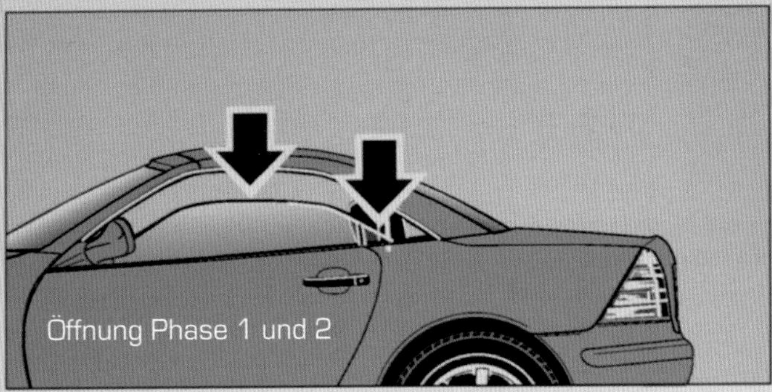
Öffnung Phase 1 und 2

Öffnung Phase 3

Öffnung Phase 4

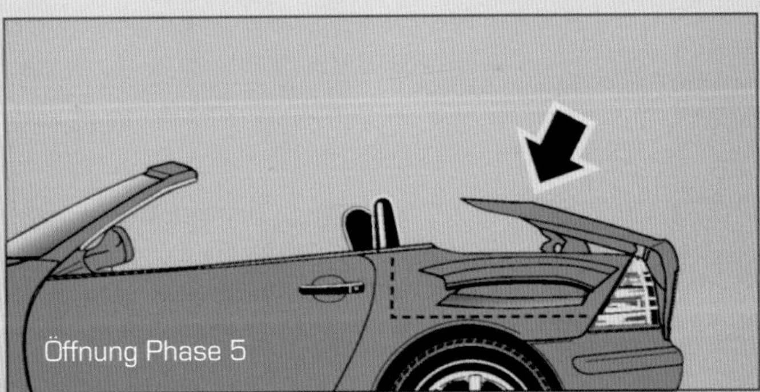
Öffnung Phase 5

Öffnung Phase 6

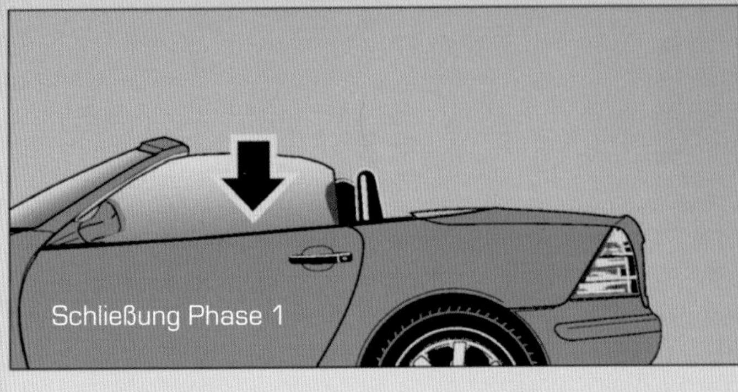
Schließung Phase 1

Schließung Phase 2

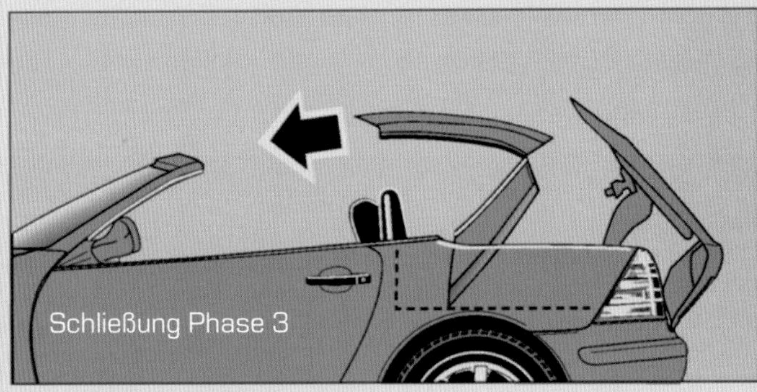
Schließung Phase 3

Schließung Phase 4

Schließung Phase 5 und 6

Sparte Gewicht und Platz: Tirefit und elektrische Luftpumpe statt Reserverad

Scheibenrahmen zuständig. Das elektronische Zentralsteuergerät überwachte den Öffnungs- und Schließungsvorgang und erkannte anhand verschiedener Schaltersignale, ob der Bewegungsablauf auch ordnungsgemäß funktionierte. Eine Öffnung oder Schließung lief innerhalb 25 Sekunden in jeweils sechs millimetergenau abgestimmten Phasen ab. In Phase 1 öffneten sich zunächst die vorderen und hinteren Seitenscheiben. In Phase 2 entriegelte sich das Variodach. In Phase 3 stellte sich der Kofferraumdeckel nach hinten auf. In Phase 4 war am meisten Bewegung: Jetzt öffnete sich das Variodach, die Abdeckung hinter den Überrollbügeln stellte sich auf, das Variodach legte sich in den Kofferraum und die Abdeckung hinter den Überrollbügeln legte sich wieder ab. In Phase 5 schloss der Kofferraumdeckel wieder und rastete automatisch in zwei Verschlüssen auf den Radläufen ein. Und in der letzten Phase schlossen sich die vorderen Seitenscheiben wieder. Bei der Schließung des Dachs verlief dieser Prozess logischerweise exakt in umgekehrter Reihenfolge. Das Variodach legte sich im oberen Teil des Kofferraums ab, darunter befand sich, von einem Kunststoff-Rollo getrennt, der Gepäckraum mit 145 Litern Volumen. Bei geschlossenem Dach ließ sich das Trennrollo aushängen und so das Ladevolumen auf 348 Liter vergrößern.

Linke Seite:
In 25 Sekunden vom Coupé zum Roadster und umgekehrt

Und das Reserverad? Das suchte man vergeblich, denn der SLK war das erste Modell von Mercedes-Benz, das kein herkömmliches Reserverad mehr besaß. An dessen Stelle trat eine Gepäckbox, eine elektrische Luftpumpe und ein Reifendichtmittel namens „TIREFIT". Das sparte Gewicht und Platz, denn ein vollwertiges Ersatzrad hätte nicht nur bis zu 20 Kilogramm gewogen, sondern auch große Teile des Gepäckraums belegt. TIREFIT und Luftpumpe wogen dagegen zusammen nur 2,2 Kilogramm und ließen sich platzsparend unterbringen. Vor geplatzten Reifen, Rissen durch Messerstiche oder anderen extremen Beschädigungen musste TIREFIT passen, aber bei einer üblichen Reifenpanne war das Vorgehen einfach: das Latex-Dichtmittel über das Reifenventil einfüllen, den Reifen mit Hilfe der elektrischen Luftpumpe, angeschlossen an den Zigarettenanzünder, auffüllen und anschließend mit einer Geschwindigkeit von maximal 80 km/h zur nächsten Werkstatt fahren. Hier musste dann der abgedichtete Reifen gegen einen neuen ausgetauscht werden.
Wer dieser Dichtmethode misstraute – obwohl statistisch gesehen einen Autofahrer eine Reifenpanne nur alle zehn Jahre ereilt - konnte wahlweise und ohne Aufpreis ein Faltrad für seinen Kofferraum ordern, verlor so aber den Platz für die Faltbox und fuhr mit 12,5 Kilogramm Mehrgewicht durch die Lande. Auch dieser Faltreifen musste im Fall der Fälle mit der elektrischen Luftpumpe aufgefüllt werden, und auch mit ihm durfte die Fahrt zur nächsten Werkstatt mit maximal 80 km/h erfolgen.

Seitenblick: Stahlklappdach – gute Idee mit langer Tradition

Ein Stahldach hat gegenüber einem Stoffdach unbestrittene Vorteile: Es lässt sich durch Waschstraßen nicht beindrucken, Menschen mit übler Gesinnung können es nicht aufschlitzen und es beherbergt kratzfeste Glasscheiben. Der große Nachteil gegenüber einem Stoffdach: Es lässt sich nicht öffnen. Wie schön wäre es doch, wenn sich beide Konzepte kombinieren ließen. Daher experimentierten Ingenieure seit Mitte der 1920er-Jahre an der Idee eines einklappbaren Stahldachs, und schon der 1927 vorgestellte Prototyp „Ellerbeck Convertible Coupe" besaß ein festes Dach, das sich per Hand auf den Kofferraumdeckel absenken ließ.
Das erste Fahrzeug, bei dem das Dach wirklich im Kofferraum verschwand, wurde von dem Pariser Zahnarzt und Designer Georges Auguste Paulin erfunden und gemeinsam mit dem Karosseriebauer Marcel Pourtout realisiert. Der Peugeot 401 mit dem Beinamen „Eclipse" (was übersetzt Sonnen- bzw. Mondfinsternis oder, im übertragenen Sinne, Verschwinden bedeutet) sorgte bei seiner Vorstellung 1934 auf dem Pariser Automobilsalon für offene Münder, denn sein einteiliges Blechdach ließ sich komplett elektrohydraulisch im riesigen Kofferraum versenken, und dieser Vorgang dauerte nur rund 30 Sekunden. Von 1934 bis 1936 konnte Peugeot immerhin 180 Eclipse-Versionen der Modelle 401, 402 und 601 verkaufen.
Erst über zehn Jahre später versuchte sich wieder ein Automobilhersteller an diesem Konzept. Beim Playboy Combination Roadster der Playboy Motor Car Corporation aus dem amerikanischen Buffalo ließ sich das Blechdach von Hand zusammenklappen und so versenken, dass der vordere Teil des Dachs dann den Raum über den Rücksitzen bedeckte. Von 1948 bis 1951 verkaufte sich der Playboy Combination Roadster rund 100mal.
Weitere fünf Jahre später ging es erstmals um deutlich größere Stückzahlen: Ford stellte den Fairlane 500 Retractable vor. Bei diesem fast 5,30 Meter langen Straßenkreuzer verschwand das komplette Dach elektrohydraulisch angetrieben unter dem entsprechend riesigen Kofferraumdeckel. Von 1956 bis 1960 verkaufte Ford rund 93.000 Retractable der Baureihen Fairlane, Skyliner und Sunliner.
Aber das war es dann erstmal mit der Großserienfertigung von Autos mit retractable (englisch: einklappbarem) Hardtop, es folgten lediglich einige Kleinserien. 1961 präsentierte die Kölner Fahrzeugfabrik Peter Bauer den Ford 17 M Sportolet, dessen Stahldach sich von Hand auf den Kofferraum absenken ließ. 1983 zeigte der Frankfurter Tuner Rainer Buchmann den „bb Magic Top 7" auf Basis des Mercedes-Benz 500 SEC. Bei diesem Fahrzeug fuhr das Dach in der Waagerechten nach hinten und senkte sich dann mitsamt den hinteren Seitenteilen nach unten. Im gleichen Jahr zeigte der Autobauer Walter Treser einen Audi quattro Roadster, dessen Hardtop sich elektrisch unter einer hohen Abdeckhaube hinter den Sitzen versenken ließ.
Mit dem Variodach des SLK belebte Mercedes-Benz 1996 das mittlerweile fast vergessene Dachkonzept neu. Und entwickelte – typisch für die Marke mit dem Stern – eine innovative Lösung, die neben der komfortablen Dachbetätigung auch noch ein respektables Kofferraumvolumen bot.
So war es kein Wunder, dass der SLK in den nächsten Jahren zahlreiche Nachahmer fand.

Brauchte viel Platz: Der Ford Fairlane versenkte einfach das komplette Dach im Kofferraum

40 Jahre später: ausgeklügelte Klapplösung im SLK, die das Dach platzsparend einsortierte

Sicherheit – für alle Fälle

Cabrios und Roadster sind unterdurchschnittlich oft in Unfälle verwickelt. Eine plausible Erklärung dafür ist, dass diese Fahrzeuge seltener im Winter und bei schlechten Wetterverhältnissen bewegt werden und bei schönem Wetter aus Genussgründen meist mehr gebummelt als gerast wird. Roadster haben in der Regel einen niedrigeren Schwerpunkt als eine Limousine, was das Risiko eines Überschlags senkt. Dennoch, wenn es hart auf hart kommt, ist diese Art eines Unfalls das Horrorszenario bei einem offenen Auto. Die Unfallforschung sagt, dass in Deutschland heutzutage bei drei Prozent aller Unfälle ein Überschlag stattfindet, bei Cabrios und Roadstern ist dieser Anteil mit 1,7 Prozent ungefähr nur halb so groß. 1996 sah das noch ganz anders aus: Überschläge hatten noch einen Anteil von neun Prozent am allgemeinen Unfallgeschehen in Deutschland, bei Cabrios und Roadstern war dieser Anteil sogar dreimal so hoch. Ein Umstand, der sicher auch der noch mangelnden Verbreitung des Elektronischen Stabilitätsprogramms ESP zuzuschreiben war.

Entscheidend war und ist bei einem offenen Auto, dass den Passagieren, besonders deren Köpfen, bei einem Überschlag genügend geschützter Raum verbleibt. Diese Funktion können konzeptbedingt nur die A-Säulen und Überrollbügel übernehmen. Beim SLK waren daher die A-Säulen mit innenliegenden Rohren verstärkt, das eine mit 20, das andere mit 25 Millimeter Durchmesser. Die Rohre waren in-einandergesteckt, wurden der höheren Stabilität wegen verformt und dann an Haltepunkte an die äußeren Schalen der A-Säule geschweißt. Das obere Rohr ragte bis an den Rahmen der Frontscheibe und verbesserte dessen Steifigkeit, das untere Rohr sorgte für die Verstärkung der A-Säule in Höhe der Instrumententafel, wo wiederum ein zusätzliches Verstärkungsrohr quer angebracht war.

Die mit Kunststoff verkleideten feststehenden Überrollbügel bestanden aus hochfestem Stahl mit einem Durchmesser von 40 Millimetern und einer Wandstärke von 2,5 Millimetern. Aber die stabilsten Überrollbügel nutzen nichts, wenn deren Befestigung nichts taugt. Daher waren die Rohre mit einem stabilen Querträger verschraubt, der im oberen Bereich der Rückwand die B-Säulen nach beiden Seiten abstützte. Die Türen des SLK waren mit einer stabilen Zugverbindung zwischen Schloss und A-Säule und speziellen Verstärkungsrohren versehen.

Die Stabilität dieser Konstruktion musste der SLK während der Entwicklung unter anderem beim so genannten Dachfalltest unter Beweis stellen. Hier fällt die Karosserie mit leichter Schräglage aus 50 Zentimeter Höhe (was mit der Höhe bei realen Überschlägen korrespondiert) auf die Dachstruktur und prallt auf eine der beiden A-Säulen. Sieht nicht schön aus, hört sich nicht schön an – schafft aber nach bestandenem Test ungemein Vertrauen.

Vertrauen schaffte auch die Vorbaustruktur des SLK. Sie konnte viel Verformungsarbeit aufnehmen und dadurch bei einer Frontalkollision nicht nur die Insassenbelastung möglichst gering halten, sondern auch Rücksicht auf das andere Fahrzeug nehmen. Zur Optimierung dieses Partnerschutzes entwickelten die Ingenieure mit dem Crash gegen eine deformierbare Barriere eine wirklichkeitsgetreue Simulation. Hier war vor der üblichen Betonbarriere ein 38 Zentimeter dicker Aluminiumkörper mit Wabenstruktur angebracht, der beim Crash ein ähnliches Verformungsverhalten zeigte wie eine Fahrzeugfront.

Zu den sicherheitstechnischen Innovationen des SLK zählte auch die neue Ellipsoid-Stirnwand. Hinter dem komplizierten Namen verbarg sich eine weit nach vorn gewölbte Stirnwand. Im Falle eines Frontalcrashs konnten die von vorn einwirkenden Kräfte in die seitlichen Trägerstrukturen abgeleitet werden, so dass die Fahrgastzelle

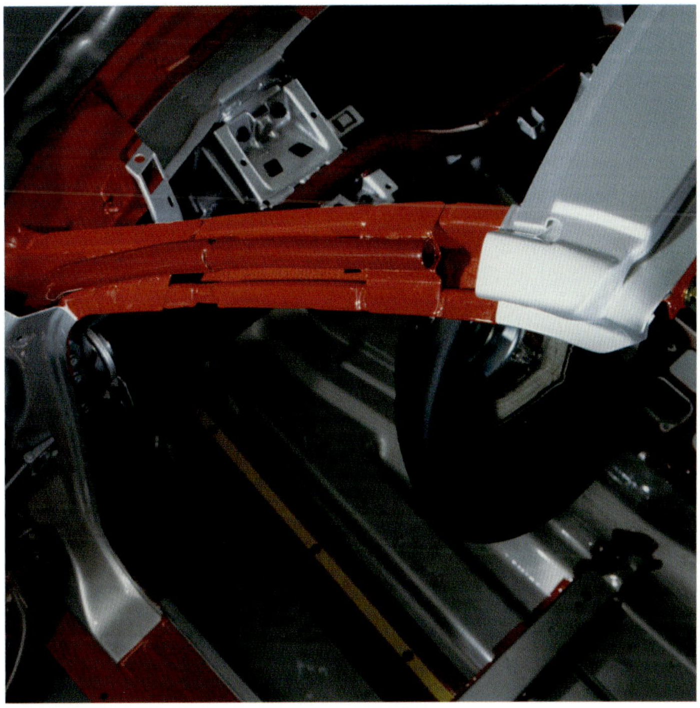

Hielt den Kopf frei: Die A-Säulen waren mit zwei innenliegenden Rohren verstärkt

Der Karosserie des SLK ...

... blieb nichts erspart

Dachfalltest aus 50 cm Höhe

Crash gegen deformierbare Barriere

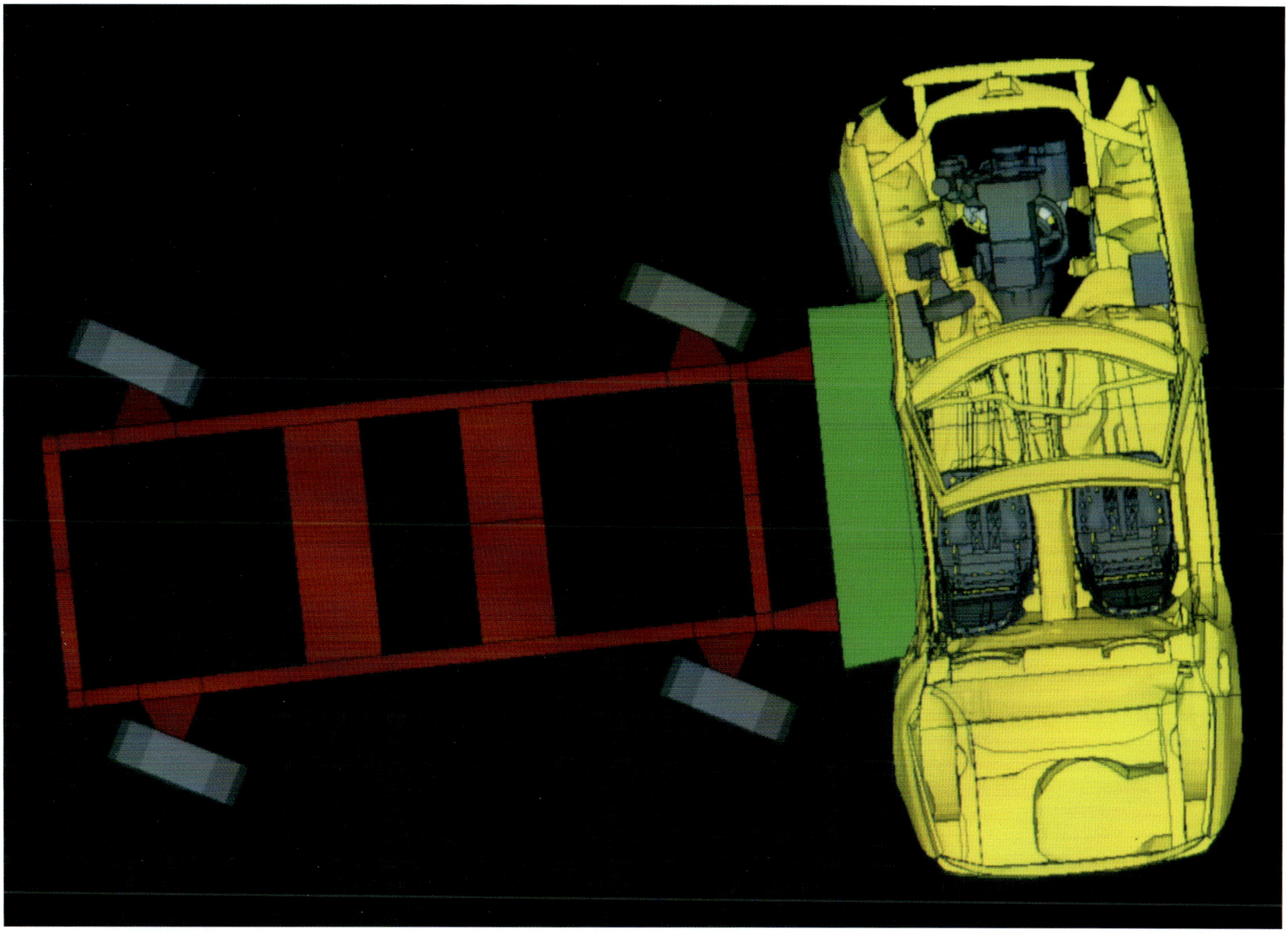

Simulation Seitenaufprall: Rohrverstärkungen in den Türen boten zusätzlichen Schutz

weitgehend unbeschädigt blieb. Außerdem stellte die nach vorn gewölbte Stirnwand ein wirksames Hindernis gegen das Eindringen der Motor/Getriebe-Einheit in den Innenraum dar und schützte so die unteren Extremitäten der Passagiere.

Für Cabrios und Roadster ist der Seitenaufprall eine kritische Unfallart, weil die offenen Fahrzeuge keine B-Säule haben, hier müssen also die Türen besonders stabil sein. Beim SLK boten daher serienmäßige Rohrverstärkungen in den Türen den Insassen zusätzlichen Schutz.

Bei der weiteren Sicherheitsausstattung ließ sich Mercedes-Benz nicht lumpen und nahm Anleihen bei der E-Klasse: ABS, Fullsize-Airbags für Fahrer und Beifahrer, Gurtstraffer, Gurtkraft-Begrenzer und verstellbare Kopfstützen gehörten zur Serienausstattung, gegen Aufpreis waren Sidebags erhältlich. Die beiden Kompressor-Modelle waren zusätzlich noch mit einer Antriebs-Schlupfregelung (ASR) ausgestattet.

Um eine unnötige Auslösung des Beifahrer-Airbags zu verhindern und damit etwaige Unfallkosten zu verringern, war das Sitzpolster des Beifahrersitzes mit einer druckempfindlichen Matte ausgerüstet. Nur wenn der Beifahrersitz mit einem Gewicht von mehr als zwölf Kilogramm belastet wurde, war der Airbag scharf geschaltet. Die Sensorik beinhaltete außerdem eine automatische Erkennung von Reboard-Kindersitzen. Da das Reboard-System, bei dem das Kind mit dem Rücken zur Fahrtrichtung sitzt, schon eine sehr gute

Schaffte Vertrauen: 40 Millimeter starker Überrollbügel mit 2,5 Millimeter Wandstärke

Für sicheren Halt: Die Überrollbügel waren massiv im oberen Bereich der Rückwand verankert

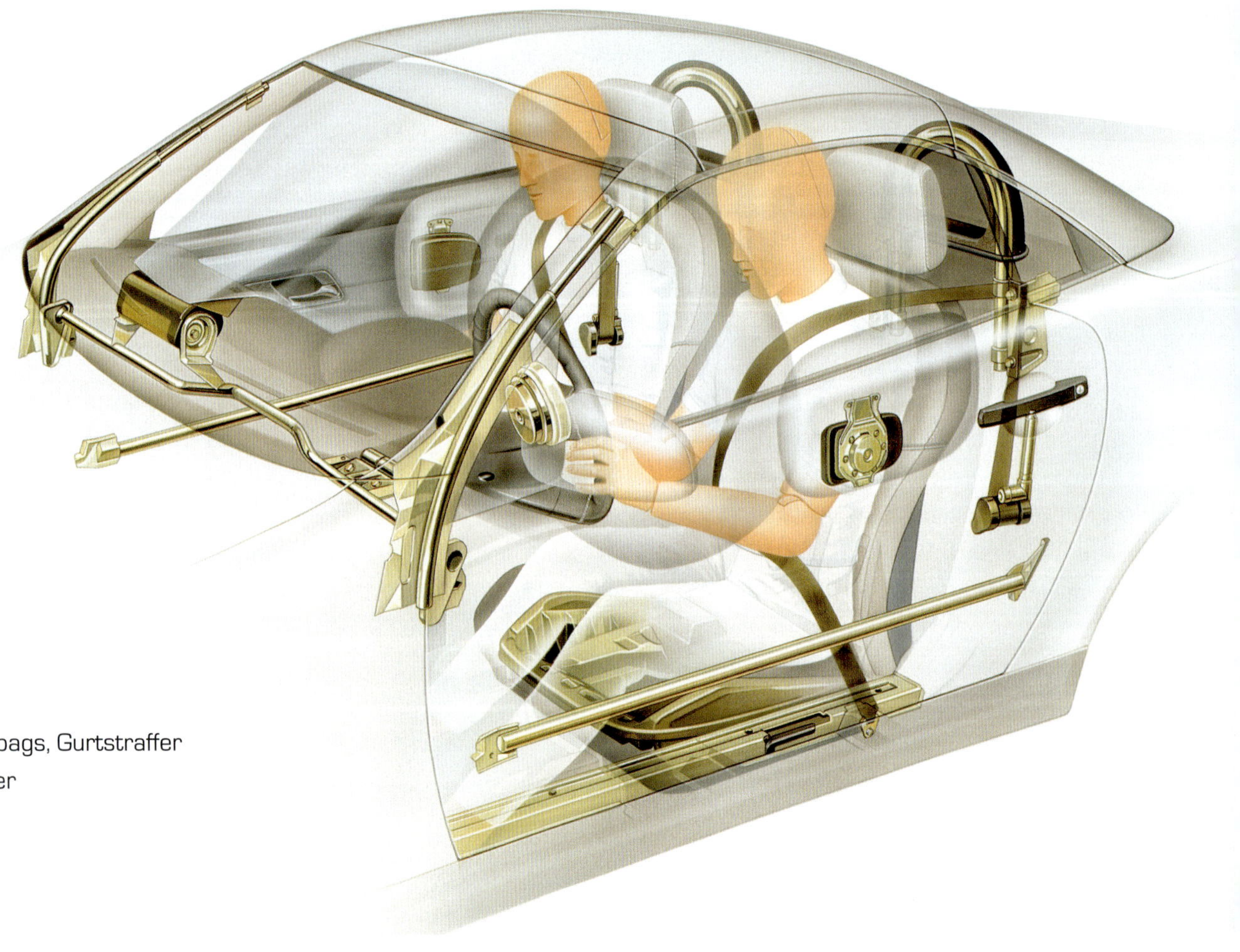

Alles serienmäßig: Airbags, Gurtstraffer und Gurtkraftbegrenzer

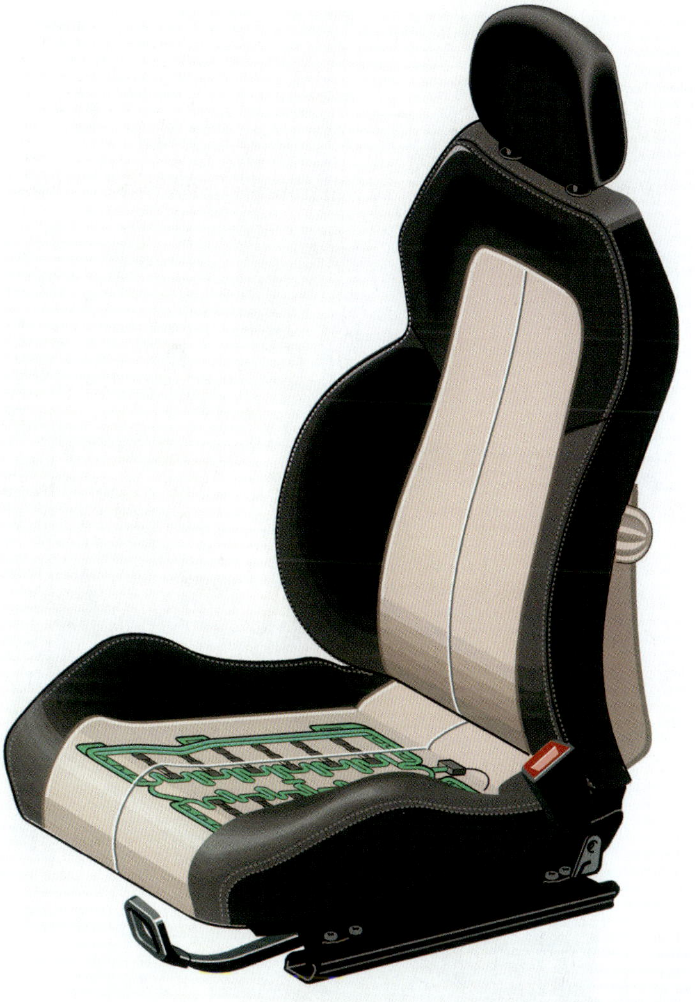

Druckempfindlich: Die Sensormatte im Beifahrersitz schaltete den Beifahrer-Airbag erst bei einer Belastung ab zwölf Kilogramm scharf

Vorausschauend: Bei einem montierten Reboard-Kindersitz mit Transpondertechnik schaltete sich der Beifahrer-Airbag automatisch ab

Schutzwirkung besaß, machte die Kombination mit einem Airbag keinen Sinn. Zwei Mini-Antennen im Sitzpolster erkannten die Transponder im Sockel des angebrachten Reboard-Kindersitzes (vorausgesetzt, der Kindersitz verfügte über Transpondertechnik), und daraufhin blockierte der Mikrocomputer automatisch die Aktivierung des Beifahrer-Airbags.

Damit auch bei einer leeren Schlüsselbatterie die Wegfahrsperre aktiviert oder deaktiviert werden konnte, kamen auch hier Transponder zum Einsatz. Sobald der Fahrer den Schlüssel ins Zündschloss steckte, erfolgte zwischen dem Transponder im Schlüssel und einer Spule im Zündschloss ein elektromagnetischer Datenaustausch. Diese Signale wurden an den Mikrocomputer des Fahrberechtigungssystems übertragen und dort ausgewertet. Dieses System arbeitete unabhängig vom Ladezustand der Batterie im Fahrzeugschlüssel, diese wurde nur noch für die Zentralverriegelung benötigt.

Nur vorsichtshalber: Werbung hatte der SLK eigentlich gar nicht nötig, die Wartezeiten waren lang

Aerodynamik – windige Angelegenheit

Der SLK 200 hatte einen Luftwiderstandsbeiwert c_W von 0,33, was 1996 ein durchaus guter Wert war. Doch Aerodynamiker können nicht nur dafür sorgen, dass ein Auto gut im Wind liegt, sondern auch dafür, dass der Fahrtwind selbst für Sicherheit sorgt. So bewirkten zum Beispiel die Mini-Spoiler vor den vorderen Radhäusern, dass die Luft an den Rädern vorbei in Richtung Fahrbahn strömte – was den Auftrieb der Karosserie an der Vorderachse reduzierte und damit die Fahrstabilität erhöhte. Den Auftrieb an der Hinterachse verringerte eine kleine Abrisskante, die hinten im Kofferraumdeckel integriert war.

Während im Außenbereich also Zugluft durchaus erwünscht war, galt dies für den Innenraum bei geöffnetem Dach überhaupt nicht. Also gingen die Ingenieure hier den Windverhältnissen mit speziellen Test-Dummys, ausgerüstet mit Temperaturfühlern, auf die Spur. Das Ergebnis war ein Windschott aus feinmaschigem Textilgewebe, das sich leicht über die Überrollbügel spannen ließ und so für eine gleichmäßige Luft- und Temperaturverteilung im Innenraum sorgte.

Für den offenen Komfort: Auch Dummies mussten für thermische Untersuchungen herhalten

Hart am Wind: Der Luftwiderstandsbeiwert von 0,33 konnte sich 1996 durchaus sehen lassen

Ohne Windschott: haarige Angelegenheit

Mit Windschott: und die Frisur sitzt

Aufgespannt: Das Windschott ließ sich einfach über die Überrollbügel ziehen

Scheinwerfer – Kunststoff statt Glas

Bei der Technik der Hauptscheinwerfer stand die E-Klasse Pate, denn schon bei ihr bestanden die Streuscheiben erstmals nicht aus Glas, sondern aus beschichtetem Polycarbonat. Dieser hochwertige Kunststoff bestach mit einigen Vorzügen: leichte und präzise Formbarkeit, was der gestalterischen Freiheit der Designer zu Gute kam, eine geringe Bruchempfindlichkeit und die Gewichtseinsparung von rund 50 Prozent gegenüber Glas.

Die Reflexionsfläche der Scheinwerfer wurde per Computer in eine Vielzahl kleiner Spiegel gegliedert, anschließend berechnete er für jedes dieser Elemente eine optimale Form und Lage. Die Kombination der so optimierten Reflektoren mit H7-Glühlampen steigerte die Lichtausbeute.

Streuscheiben aus Polycarbonat: gut formbar, weniger bruchempfindlich als Glas und leichter

Fahrwerk – Basis von C und E

Auch bei einem brandneuen Fahrzeug muss man nicht gänzlich alles neu entwickeln. So konnten die Ingenieure die Doppelquerlenker-Vorderachse und die Raumlenker-Hinterachse aus der C-Klasse nach einem aufwändigen Test- und Messprogramm an die Anforderungen des neuen Roadsters anpassen. Der Vorteil der von Mercedes-Benz entwickelten Doppelquerlenker-Vorderachse war, dass Stoßdämpfer und Schraubenfeder voneinander getrennt angeordnet waren, sodass die Stoßdämpfer keinen Biegemomenten mehr ausgesetzt waren und so wesentlich feinfühliger ansprechen konnten.

Der Federweg von 195 Millimetern war beim SLK 20 Millimeter kürzer als bei der C-Klasse. An der Hinterachse stand ein Federweg von 205 Millimetern zur Verfügung. Trotz der großen Federwege an Vorder- und Hinterachse war das Fahrwerk aber deutlich straffer und sportlicher ausgelegt als bei der C-Klasse.
Die mit Antiblockiersystem ausgerüsteten Bremsen vorn und hinten stammten dagegen aus der E-Klasse und boten somit ein hohes Sicherheitspotenzial. An der Vorderachse nahmen Faustsättel die innenbelüfteten Scheibenbremsen mit einem Durchmesser von 288 Millimetern und einer Stärke von 25 Millimetern in die Zange. An der Hinterachse rotierten neun Millimeter dicke Scheiben mit einem Durchmesser von 278 Millimetern.

Doppelquerlenker-Vorderachse: Stoßdämpfer und Schraubenfeder sind voneinander getrennt

Bremsen extrem:
Test auf dem Hockenheimring

Raumlenker-Hinterachse:
Stammte aus der C-Klasse, war aber deutlich sportlicher ausgelegt

Verkauf – voller Erfolg

Die Nachfrage übertraf alle Erwartungen: Kurz vor der Markteinführung musste Mercedes-Benz bekannt geben, dass bereits die komplette Jahresproduktion für 1997 ausverkauft war. Im ersten vollen Verkaufsjahr verließen bereits über 55.000 SLK das Werk in Bremen – 50 Prozent mehr als ursprünglich gedacht. Dies führte anfangs zu erheblichen Lieferfristen und, dadurch bedingt, auch zum Verkauf junger gebrauchter SLK deutlich über dem Neupreis. Durch höhere Fertigungskapazitäten in Bremen konnte der Zustand, dass die Nachfrage das Angebot erheblich überstieg, aber relativ schnell beseitigt werden.

Mangelware: Anfangs überstieg die Nachfrage das Angebot

Fahrkönnen vorausgesetzt: Der Einsatz von Assistenzsystemen hielt sich anfangs noch in sehr überschaubarem Rahmen

Seitenblick: Die Mitbewerber

Was sich schon in den Jahren zuvor durch die Präsentation diverser Showcars auf verschiedenen Automessen ankündigte, ballte sich im Jahr 1996 zu einer regelrechten Roadster-Schwemme: Im März kam der BMW Z3 in den Handel, im August der Porsche Boxster und im September schließlich der SLK von Mercedes-Benz. Schließlich wollte man auch in dem damals boomenden Markt der kleinen offenen Sportflitzer mitmischen, in dem Mazda schon seit 1990 überaus erfolgreich den Mazda MX-5 verkaufte.

Bei so viel Wettbewerb muss man sich abgrenzen, Alleinstellungsmerkmale und Vorteile definieren und vor allem die Verkäufer mit guten Argumenten füttern. Im Fall des SLK lagen die Argumente auf der Hand: Das größte Alleinstellungsmerkmal war das voll wintertaugliche Stahlklappdach, das den SLK zu einem echten Ganzjahresroadster machte. So etwas hatte keiner der Wettbewerber zu bieten.

Was die Beschreibung der potenziellen SLK-Käufer anging: Es war klar, dass hier Adjektive wie »erfolgsorientiert«, »selbstbewusst«, »anspruchsvoll«, »statusorientiert« oder »leistungsorientiert« verwendet werden mussten – einen Mercedes zu fahren, war schließlich noch nie ein billiges Vergnügen.

Stichwort Vergnügen: Durch den Fahrspaß und den jugendlichen Charakter des SLK blickte man auch hoffnungsvoll auf jüngere Käufer, vor allem auf solche, die bisher Fahrzeuge anderer Hersteller bevorzugt hatten. Auch rechneten die Mercedes-Strategen damit, dass sich viele Frauen für einen SLK entscheiden würden. Diese Rechnung ging voll auf, wie sich später zeigte, denn der SLK war seinerzeit das Fahrzeug von Mercedes-Benz mit dem höchsten Anteil an weiblichen Fahrern.

BMW Z3: kam im März 1996 nach dem unkonventionellen Z1 mit Kunststoffkarosserie und absenkbaren Türen in den Handel. Der Z3 wurde wahlweise mit 85 kW (115 PS) für 43.700 DM oder 103 kW (140 PS) für 48.700 DM angeboten

Porsche Boxster: war ab August 1996 erhältlich. Seine Besonderheit war der Sechszylinder-Boxermotor, der hinter den Sitzen und vor der Hinterachse positioniert war. Mit seiner Leistung von 150 kW (204 PS) nahm er den Spitzenplatz unter den neuen Roadstern ein. Mit seinem Preis von 78.030 DM auch

Mercedes-Benz SLK: ab September 1996 erhältlich als 100 kW (136 PS) starker 200er für 52.900 DM oder als 142 kW (193 PS) starker 230er mit Kompressor für 60.950 DM. Seine Spezialität war natürlich das Stahlklappdach, das ihn zu einem echten Ganzjahresroadster machte

Audi TT Roadster: ab Herbst 1999 erhältlich. Zum Start gab es zwei Varianten des 1,8-Liter-Turbomotors im TT: eine mit 132 kW (180 PS) für 58.675 DM und eine mit 165 kW (225 PS) für 69.628 DM

Mazda MX-5: Bereits seit 1990 in Europa erhältlich, kostete 1996 ein MX-5 mit 66 kW (90 PS) Leistung 36.950 DM, einer mit 96 kW (131 PS) 42.950 DM. Sowohl von der Leistung als auch vom Preis her war er kein direkter Wettbewerber, dafür wurden aber allein von der ersten Generation (1990 bis 1998) weltweit rund 900.000 MX-5 verkauft

Der SLK von 1997 bis 1999

Baureihe R 170

Der SLK von 1997 bis 1999

Baureihe R 170

1997: Brems-Assistent serienmäßig,

Unfallauswertungen ergaben, dass viele Fahrer in Notsituationen, bei denen eine Vollbremsung erforderlich war, zwar meist schnell, aber oft nicht fest genug auf das Bremspedal traten und somit ihren Bremsweg unnötig verlängerten. Um dieses Manko auszugleichen, baute ein von Mercedes-Benz entwickeltes System namens BAS (Brems-Assistent-System) die maximale Bremskraftverstärkung auf, wenn es an einer hohen Betätigungsgeschwindigkeit des Bremspedals erkannte, dass der Fahrer schreckhaft bremste. Es löste also eine Vollbremsung aus, auch wenn dazu der Pedaldruck des Fahrers gar nicht ausgereicht hätte. Gleichzeitig verhinderte das ABS ein Blockieren der Räder, was für eine weiterhin sichere Manövrierbarkeit des Fahrzeugs sorgte. Nach dem vollständigen Lösen des Bremspedals war die automatische Bremskraftverstärkung wieder beendet. Das BAS kam ab Ende 1996 serienmäßig in der S-Klasse und im SL zum Einsatz, Mitte 1997 zog es als Serienausstattung auch in den SLK ein. Übrigens: Seit dem 24. November 2009 gilt in der EU die Vorschrift, dass alle neuen Pkw serienmäßig mit Bremsassistenzsystemen ausgerüstet sein müssen.

Der SLK 230 Kompressor war von der ersten Stunde an serienmäßig mit einer Antriebs-Schlupfregelung (ASR) ausgestattet. Ab 1997 stand dieses System auch für den SLK 200 in der Preisliste, allerdings als Sonderausstattung. Bis dato war für den SLK 200 das Elektronische Traktions-System (ETS) im Angebot, das in den Bremskreis eingreifen konnte, also durchdrehende Räder schlicht ab-

Ungewohnter Auftritt: Sondermodell „SLK 230 Kompressor Mille Miglia Edition" mit Dreispeichenfelgen

bremste. ASR dagegen konnte zusätzlich noch die Motorleistung reduzieren, was die Bremsen deutlich schonte. Dass in einem SLK 200 ASR verbaut wurde, lässt sich leicht an dem dann vorhandenen Schalter mit der Beschriftung „ASR off" links neben dem Warnblinkschalter feststellen.

Alle SLK waren nun mit dem aktiven Service-System Assyst ausgerüstet, wodurch sich das starre Wartungsintervall des Vorgängers von 15.000 Kilometern in ein variables System verwandelte. Nun hing die Zeit zwischen den Wartungsterminen vom Einsatzbereich ab, schonende Fahrweise bei mittleren Drehzahlen und wenig Kurzstrecke verlängerten die Intervalle.

Möglich wurde dies durch die Überwachung des Motoröls, genauer durch Ölstand, Öltemperatur, Kühlmitteltemperatur, Drehzahl, Geschwindigkeit und Motorlast.

Für beide Motorisierungen konnte gegen Aufpreis ein Fünfgang-Automatikgetriebe mit Tempomat bestellt werden. Die Limiter-Funktion des Tempomaten diente bislang der Festlegung einer maximalen Geschwindigkeit zum Beispiel für Winterbereifung. Ab jetzt gab es die Tempomatfunktion für den SLK 230 Kompressor mit variabler Geschwindigkeitsbegrenzung, was zusätzlich die Eingabe einer Geschwindigkeitsbeschränkung während der Fahrt erlaubte, sinnvoll beispielsweise für Strecken mit längeren Tempolimits.

Und auch bei den lieferbaren Uni-Lacken gab es eine Änderung: Statt Polarweiß war nun Firnweiß im Angebot.

1997: Sondermodell SLK 230 Kompressor „Mille Miglia Edition"

Für das Rahmenprogramm der Mille Miglia, dem italienischen Klassiker unter den Langstrecken-Straßenrennen, wurden 1997 40 SLK 230 Kompressor in einer Spezialversion aufgebaut und dort gefahren, anschließend wurden sie an Mercedes-Freunde und -Mitarbeiter verkauft – beim Händler konnte man diese „Mille Miglia Edition" also nie bestellen.

Von diesen 40 Exemplaren waren lediglich 15 für Deutschland bestimmt. Das seltene Sondermodell stand auf flächigen Dreispeichen-Felgen mit 16 Zoll Durchmesser, war in Brillantsilber Metallic lackiert und von außen an roten „1000 Miglia"- Plaketten auf den Kotflügeln und auf dem Kofferraumdeckel zu erkennen. Den Innenraum dominierte mit der Lederausstattung Scarlet die Farbe Rot. Auch die Mittelkonsole zeigte sich statt in der serienmäßigen

1000 Meilen: Mille Miglia Plaketten

Liebe zum Detail: Logo auch am Lenkrad

Edle Ausstattung: Auch die Konsole war mit rotem Leder bezogen

Nicht zu übersehen: gravierter Schriftzug auf den Einstiegsleisten

Carbon-Optik in rotem Leder. Der Automatik-Wählhebel war plakativ mit dem Logo versehen, die schwarzen Fußmatten waren rot umkettelt und mit einem „Mille Miglia“-Logo bestickt. Und – Liebe zum Detail – auch das Lenkrad trug ein kleines Emblem. In die Einstiegsleisten war ebenfalls das Logo des Traditionsrennens, verbunden mit dem Schriftzug „Edition 1997“, eingraviert.

1998: Antriebs-Schlupfregelung an Bord

Ab Mitte 1998 gehörte die Antriebs-Schlupfregelung auch für den SLK 200 zur Serienausstattung, ebenso enthielt auch hier das optionale Fünfgang-Automatikgetriebe nun die Tempomatfunktion mit variabler Geschwindigkeitsbeschränkung. Beim Rückhaltesystem sorgten verbesserte Gurtstraffer für eine höhere Sicherheit der Passagiere.

In der Preisliste fanden sich neue Sonderausstattungen: Innenspiegel und Fahrer-Außenspiegel automatisch abblendend und ein im Dachrahmen integrierter Garagentoröffner. Erstmalig war ein Vorrüstungskit für Handys im Angebot, bestehend aus GSM-Verkabelung samt Lautsprechern. Die Einbruch- und Diebstahl-Warnanlage (EDW) enthielt nun den vorher einzeln bestellbaren Abschleppschutz.

Die Soundsysteme erhielten neue Bezeichnungen: Das MB Spezial RDS mit Cassette erhielt den Namen Audio 10, das MB Spezial RDS mit CD-Einschubfach wurde zu „MB Audio 10 mit CD-Einschubfach" und aus MB Exquisit RDS wurde MB Audio 30. Zwischen MB Spezial und MB Audio 10 gab es keinen technischen Unterschied, lediglich das Bedienteil war anders gestaltet. Auch das MB Audio 30 hatte die gleichen Funktionen wie MB Exquisit, aber ebenfalls ein anders gestaltetes, abnehmbares Bedienteil, zusätzlich ein Punktmatrix-Display und einen Telefonanschluss, der es ermöglichte, das Telefon über das Radio zu steuern. Das bisherige MB Classic RDS war bereits Anfang 1997 aus dem Lieferprogramm entfallen.

Serienmäßig war das Fach unter der Armauflage nun über die Zentralverriegelung abschließbar, und das Gepäcknetz im Beifahrerfußraum war in der jeweiligen Polsterfarbe gehalten. Im Airbag-Modul des Lenkrads setzte ab jetzt eine verchromte Mercedes-Benz Plakette einen hellen Tupfer.

Ab Ende des Jahres war der Tankdeckel unverlierbar über eine Halteschlaufe mit der Karosserie verbunden. So konnte man den losen Tankdeckel nicht mehr an der Tankstelle vergessen.

Audio-Komponenten wie Radio und Telefon waren ab jetzt über Glasfaserkabel verbunden. So wurde die Übertragungsgeschwindigkeit gegenüber Kupferkabeln deutlich erhöht, das Gewicht reduziert und das Problem elektromagnetischer Störungen aus der Welt geschafft. Mercedes-Benz nannte dieses neue Netzwerk „Digital Domestic Bus" (D2B).

Ebenfalls hinter den Kulissen fand sich nun ein zweistufiges Sicherungskonzept, bestehend aus Primärsicherungen und einzelnen Elektroniksicherungen. Die Primärsicherungen lösten nur bei einem Unfall oder schwerwiegenden elektrischen Defekten aus und waren für den Kunden nicht erreichbar.

Bei den Uni-Lacken ersetzte Magmarot das Imperialrot, bei den Metallic-Lacken wurde Smaragdschwarz durch Obsidianschwarz abgelöst, und das neue Bernsteinrot erweiterte den Fächer der Metallic-Lacke.

Am Ende des Jahres floss ein Windschott in die Serie ein, dessen oberer Quersteg schmaler wurde. So verringerte sich die Höhe des montierten Windschotts, wodurch sich die Sicht nach hinten verbesserte.

1999: Audio 30 mit Navigationssystem erhältlich

Ab Ende des Jahres war das MB Audio 30 APS bestellbar: ein Radiogerät mit CD-Einschubfach und integriertem Navigationsgerät. Das Bedienteil war hier nicht mehr abnehmbar.

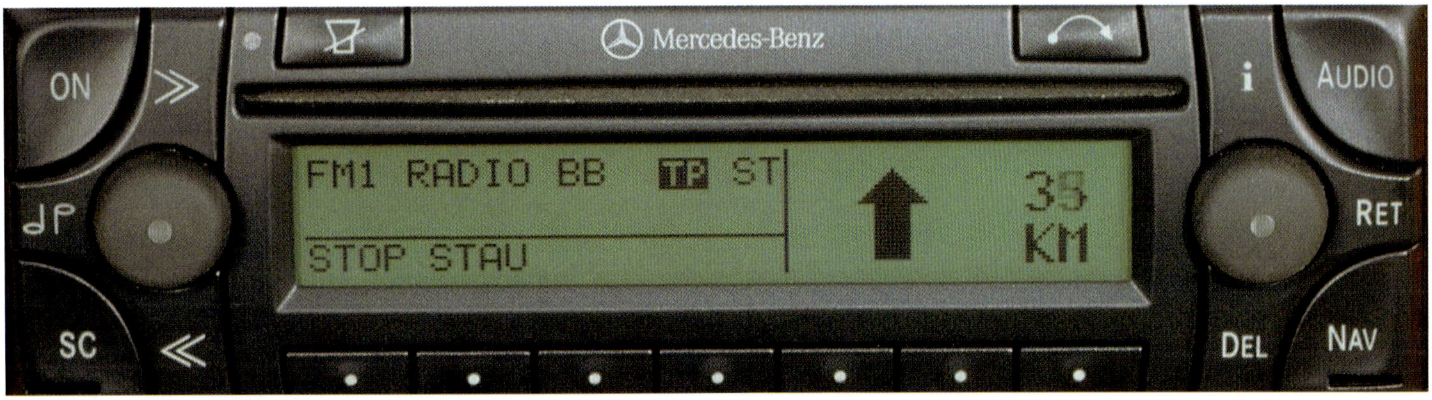

Gab die Richtung an: MB Audio 30 APS mit integriertem Navigationsgerät und CD-Spieler

Alles Rogers

Der amerikanische Multimillionär Jim Rogers ließ sich in Kalifornien seinen Traumwagen für eine Weltreise bauen: einen Mercedes GLK. Das bedeutet: Chassis vom G-Modell und Karosserie vom SLK. Dazu noch ein Anhänger im SLK-Look.

VORSTELLUNG
Mercedes GLK

1996 erschien diese Reportage über einen ganz speziellen SLK im Fachmagazin **auto motor und sport**. Und weil sie so schön war, hier in voller Länge

Millionär und Weltenbummler: Der Amerikaner Jim Rogers ließ für seine Tour um den Globus einen SLK mit einem G-Modell kreuzen. Das Resultat: der GLK

FOTOS: JOSS

Am Anfang aller Evolution der kalifornischen Spezies Mercedes GLK steht ein in der Autogeschichte nur selten nachgewiesener Prozeß: die Zellteilung. Gelungen ist die beinahe biologische Vermehrung von Kraftfahrzeug-Modellen dem schwäbischen Designer Gerhard Steinle in seinem Studio in Irvine südlich von Los Angeles.

Steinle, der sich zuvor schon im Studio für Advanced Design von Mercedes an Entwürfen für den Smart an kleinen Formaten übte, greift eines Tages zu einem kleinen Schweizer Messer und rückt damit zwei winzigen Herpa-Modellautos zu Leibe. Seine miniaturisierte Plattform-Strategie besteht darin, zunächst bei einem SLK, danach bei einem kurzen Mercedes G die Karosserie von ihrer Bodengruppe abzutrennen.

Die folgende Vermählung des Geländewagen-Chassis mit der Roadster-Karosserie bestätigt, was die Datenblätter Gerhard Steinle versprochen haben: Bei gleichem Radstand paßt ganz offensichtlich auch zusammen, was im Sinne des Projekts zusammengehört.

Die verwegene Vision von einem Rauhbein-Roadster, die eher zu Chrysler als zu Daimler paßt, ist nicht aus Untertürkheim oder Sindelfingen in Steinles junge Firma Prisma-Design gelangt. Der Ursprung des ganz neuen Nischenautos liegt dort, wo man es ganz bestimmt nicht braucht: in der Wall Street von New York.

Wer sich dort bereits eine Weile auskennt, wird sich vielleicht an Jim Rogers erinnern, der zusammen mit George Soros beispielhaft gute Geschäfte an der Börse machte. Und während Soros alles daran setzt, in diesem Business Milliardär zu werden, findet Rogers, daß ein mittelständischer Reichtum in vermutlich dreistelliger Millionenhöhe für den Rest des Lebens genügend sei.

Mit 37 Jahren beschließt der Broker mit den schönen kapitalistischen Initialen J.R., die Börse hinter sich zu lassen und von nun an ein unterhaltsames Leben zu führen. Zwar im Besitz eines Führerscheins, aber als New Yorker eher im Taxifahren geübt, entscheidet sich Rogers zur Einstimmung auf das Leben des reichen Arbeitslosen für eine Weltreise mit dem Motorrad. Der Broker, der zum Biker wird, umkreist in zwei Jahren die Erde mühevoll auf einer schweren, vollgepackten BMW R 100 RT.

Um seine nächste Weltreise besser und auch komfortabler ausgerüstet anzugehen, beschließt Rogers, daß ihn Paige Parker, die Gefährtin seines Lebensabschnitts, begleiten soll. Als Vehikel für drei Jahre

25/1998 auto motor sport 173

Zweisamkeit wünscht er sich einen offenen Zweisitzer mit solidem Dach und hoher Kletterbegabung.

Die Spur zu solchen Eigenschaften führt Rogers zum Mercedes-Stand auf der Offroad-Messe in München. Was Rogers dort erfährt, läßt ihn nicht wenig staunen. Denn der einstimmige Rat aller Experten lautet: Eine Kreuzung von Mercedes G oder M und SLK ist grundsätzlich zwar möglich, aber vermutlich nur in Kalifornien realisierbar. Damit schließt sich der Kreis über viele tausend Meilen. Ex-Broker Jim trifft den in Hollywood residierenden Geländewagen-Guru Harald Pietschmann und den Designer Gerhard Steinle. Das Trio einigt sich auf die Eckdaten des Konzepts.

Die Kombination von SLK und G-Modell wird einer Alternative mit dem Chassis der M-Klasse vorgezogen. Die Abmessungen passen besser, und für die wilde weite Welt ist das Robusteste gerade gut genug. Daß Jim Rogers den Dreiliter-Dieselmotor als benzinabhängiger Amerikaner akzeptiert, beweist: Er versteht es auch bei der Technik, klug zu spekulieren. Denn Reichweite ist bei seiner Reise wichtiger als die Kraft eines V8.

Als Gerhard Steinle das Spiel mit den Herpa-Modellen abgeschlossen hat, berät er alles weitere mit seinen Konstruktions-Computern. Aus der Diagnose aller Daten ergibt sich die Therapie, der Karosserie des SLK eine Bauchbinde anzulegen, die ihr ein neues Maß an Höhe für die Riesen-Reifen (265/60 R 18) freigibt.

Eine klare Strukturierung mit Andeutung von Trittbrettern vermeidet, daß der liftende Gürtel plump wirkt. Die schwarzen Kotflügelverbreiterungen und die heruntergezogenen Türen tun ein übriges. Und im Detail werden schöne Beispiele stilsicherer Modellpflege vorgeführt. Die Instrumentenskalen beispielsweise zeigen nicht die gleiche bleiche Farbe wie im SLK, sondern das seriöse Schwarz des ernsteren G.

Der schicke Anhänger für Gepäck und Ersatzrad ist dem SLK wie aus dem Heck geschnitten

Mehr Zeit und Mühe verursachen Konstruktion und Ausführung eines weit auffälligeren stilistischen Highlights, das sich eher aus den Not ergeben hat. Der Kofferraum des SLK ist knapp bemessen für eine Weltreise mit Dame, zumal wenn ein Jim Rogers die Bedingung stellt: „Wir wollen unbedingt offen fahren können." Doch damit nicht genug: Fürs sichere Fortkommen auf Straßen abseits der Zivilisation ist ein Reserverad in voller Größe unerläßlich. Zur Lösung dieses räumlichen Problems entwirft Prisma Design einen Anhänger. Der ist formal dem SLK wie aus dem Gesäß geschnitten: mit gleichem Kofferraumdeckel und gleichen Leuchten.

Um die Ideen in konkrete Hardware zu verwandeln, engagiert Prisma den Besten seines Fachs in Kalifornien. Das ist eine Firma namens Metalcrafters gleich in der Nachbarschaft in Irvine. Den exzellenten Ruf dieser Schmiede festigen die

Auch als Paketwagen der Post würde der GLK eine gute Figur abgeben

Projekt-Realisator Gerhard Steinle probte zuvor mit Modellautos

Hoch auf dem gelben Wagen: Unter der SLK-Karosserie steckt ein G-Fahrgestell

Schwarze Kotflügelverbreiterungen, große Räder und viel Bodenfreiheit für wüste Bedingungen

Hänger muß sein, weil beim geöffneten SLK kaum noch was in den Kofferraum paßt

Ungewohnter Anblick: statt Kompressor-Vierzylinder ein Sechszylinder-Turbodiesel

Bridgestone-Reifen (265/60 R 18) auf Alu-Rädern

Chrysler-Prototypen, die Jahr um Jahr die Glanzlichter der Detroit Motor Show setzen.

Bei Metalcrafters kommen im September 1998 zwei Container aus Europa an. Der Inhalt: ein Mercedes SLK 230 und ein Mercedes G 300 Turbodiesel. Was mit den Herpa-Modellen in Minutenschnelle funktionierte, klappt auch im Maßstab 1:1 erstaunlich gut.

Sogar der lange Sechszylinder-Diesel läßt sich im SLK-Motorraum installieren. Es findet sich auch Platz für einen 50 Liter-Zusatztank der das gesamte Volumen auf 140 Liter bringt und den Aktionsradius auf mindestens 1000 Kilometer.

Die Tücke aber steckt, wie meist im Leben, auch hier im Detail. Die elektrischen Anlagen der SLK-Karosserie und des Dieselmotors des G-Modells lassen sich nicht harmonisch verknüpfen. Deshalb braucht der GLK zwei Zündschlüssel: einen für die Karosserie-Elektrik (Licht, Fensterheber, Lenkradschloß, Zentralverriegelung) und einen für den Motor (Einspritzelektronik, Wegfahrsperre, Anlasser). Jim Rogers ist der Aufwand nur recht: „Wenn ein Schlüssel geklaut wird, kann der Dieb noch lange nicht wegfahren."

Acht Wochen vergehen bis zum Stapellauf des GLK Anfang November. Seine Reifeprüfung für Sahara, Sahel und Sibirien absolviert der Mischling in der Anza Borego-Wüste östlich von San Diego. Er vermittelt dabei jenes gemischte Gefühl, in einem Roadster zu sitzen und einen Geländewagen zu fahren. Nach dem Anlassen fehlt das forsche Fauchen des Kompressormotors, statt dessen gibt es die bollernde Gemütlichkeit eines Schiffsdiesels.

Beim Anfahren taucht die Wucht des Drehmoments geschmeidig in den Wandler einer Automatik, die der Tatsache entgegenkommt, daß der 56jährige Rogers seit seinem 25. Lebensjahr kein Auto mehr besessen hat. Aber nur noch ein sehr lindes Gefühl von Roadster strömt aus dem Cockpit, wenn der GLK darangeht, seine Bridgestone-Reifen an felsigen Hügeln und steinigen Stufen zu wetzen. Dann zeigt er mit unerschütterlicher Überwindungskraft, daß er im Grunde seines Wesens ein Mercedes G ist. Und so bleibt Rogers' Roadster souverän der Herr der Lage zwischen Yucca-Palmen und Joshua-Bäumen. Er wird es auf seiner langen Reise durch alle fünf Kontinente selten so schwer haben wir hier.

Jim Rogers kommt es trotz der G-Mechanik nicht vorrangig auf Geländespiele an. Er will sich drei Jahre lang die Welt anschauen und ihren Wechsel ins nächste Jahrtausend dokumentieren. Dazu wird ihn in einem weiteren Mercedes G 300 ein Fernsehteam begleiten.

Seine Abenteuer werden auch im Internet präsent sein. Start ist an Neujahr 1999 in der Eiseskälte von Island – die weitere Route können Interessierte zu Hause bequem als Net-Lektüre verfolgen.

Clauspeter Becker

Der SLK ab 2000

Modellpflege Baureihe R 170

Der SLK ab 2000

Modellpflege Baureihe R 170

Nach dreieinhalb Jahren erhielt der SLK eine Modellpflege. Bis dahin hatte sich das kompakte Roadster-Coupé mit weltweit rund 160.000 Käufern bereits als achtbarer Erfolg herausgestellt. Bestellbar war der überarbeitete SLK ab dem 10. Januar 2000, die Markteinführung erfolgte im Frühjahr 2000.

Der modellgepflegte SLK hatte einen noch sportlicheren Auftritt, stärkere Motoren und eine reichhaltigere Ausstattung. In der Preisliste fanden sich nun ein SLK 200 Kompressor für 30.772 Euro, der SLK 230 Kompressor für 33.747 Euro und der neue SLK 320 für 39.678 Euro.

Geschlossene Gesellschaft: macht auch so eine gute Figur

Wachsende Tendenz: Durch die neuen Stoßfänger hatte der modellgepflegte SLK die Vier-Meter-Marke geknackt

Design – behutsame Modifikationen

Für ein harmonischeres Gesamtbild waren die Stoßfänger, Seitenschweller und Türgriffe nun vollständig in Wagenfarbe lackiert. Beim Vorgänger waren die unteren Anbauteile sowie die Türgriffe noch in schlichtem Schwarz gehalten. Stichwort Wagenfarbe: Prismatingrün hatte Vivianitgrün abgelöst, zu Linaritblau kam noch Lazulithblau hinzu – somit standen dem Kunden statt acht nun zehn Lackfarben zur Auswahl.

In der Seitenansicht fiel auf, dass die Blinkleuchten von den Kotflügeln zur besseren Sichtbarkeit in die Spiegelgehäuse gewandert waren, außerdem hatten die Schwellerverkleidungen eine neue Form. Die neugestalteten Stoßfänger vorn und hinten waren mit seitlichen Spoilerkanten versehen und im oberen Bereich mit Schutzleisten ausgestattet, die sich nach einem kleinen Rempler schnell und kostengünstig auswechseln lassen sollten. Durch die neuen Stoßfänger knackte der modellgepflegte SLK die Vier-Meter-Marke – er streckte sich von vormals 3995 auf 4010 Millimeter. Und durch kürzere Einfederwege hatte sich auch die Fahrzeughöhe um zehn Millimeter verringert. Die neu gestalteten Stoßfänger und Schwellerverkleidungen sorgten übrigens nicht nur für ein anderes Aussehen, sondern verringerten die Auftriebswerte und den Luftwiderstand der Karosserie. Der untere Lufteinlass in der Frontschürze war nun oval und ohne Quersteg. Als besonderes Erkennungszeichen des SLK 320 fanden sich hier zwei vertikale Stege. Eine ebenfalls ovale Form wiesen die neuen Nebelscheinwerfer auf. Aus edler Abstammung übrigens, denn es waren die gleichen, die auch in den CL Luxuscoupés leuchteten. Wer in helleres Licht investieren wollte, konnte, erstmals beim SLK, für 949 Euro bei der Sonderausstattung „Xenonscheinwerfer mit Scheinwerferreinigungsanlage und dynamischer Leuchtweitenregulierung" sein Kreuz machen. Das Kühlerschutzgitter war jetzt nicht mehr mattschwarz, sondern silberglänzend lackiert.

Neu im Modellprogramm ab 2000: SLK 320 mit einem 218 PS starken V6-Motor. Von vorn zu erkennen an den zwei vertikalen Stegen im Lufteinlass

Zum Vergleich: unten Front vor, oben nach der Modellpflege mit ovalem Lufteinlass und ohne Querstege, auch Nebelscheinwerfer nun in ovaler Form

Auf einen Blick: unten Heck vor, oben nach der Modellpflege mit Schlossbetätigung des Heckdeckels unterhalb der Griffleiste und komplett durchgehender Schutzleiste der Heckleuchte

Besser sichtbar: Blinker im Spiegelgehäuse nach der Modellpflege

So war es vorher: Blinker am Kotflügel

Nach Modellpflege: Türgriffe in Wagenfarbe

War vorher schwarz: jetzt Endrohrblende in Edelstahl

Komplett neue Form: Lenkrad nach Modellpflege

Nicht so zierlich: Lenkrad vorher zum Vergleich

Auch am Heck war die Modellpflege erkennbar: Die Schutzleiste erstreckte sich nun über die ganze Breite der neu geformten Heckschürze, statt wie vorher nur die Ecken abzudecken. Das Abgas-Endrohr schmückte sich mit einer Edelstahlblende, und die Rippen der Rückleuchten hatten eine etwas weichere Form. Das Drückschloss des Heckdeckels auf der rechten Seite wich einer Schlossbetätigung unterhalb der Griffleiste. Dies ermöglichte das Öffnen mit nur noch einer Hand. Beim Öffnen der Türen fielen die neuen Einstiegsschienen auf. Zwar noch immer gummigenoppt, prangte nun je nach Motorisierung der Schriftzug „SLK“ oder „V6“ in der Mitte. Und wie bei den CL Coupés war die Türabdeckung der Bordkante, also der Bereich oberhalb des Türschlosses, verchromt.

Einen deutlich sportlicheren Auftritt verschaffte dem SLK die Sonderausstattung „Styling AMG“. Für 4122 Euro gab es eine dynamischere Front- und Heckschürze, sportlich verdrillte Seitenschwellerverkleidungen und einen Nachschalldämpfer im AMG Design mit zwei Endrohrblenden. Wer es noch individueller mochte, konnte sich im designo-Programm bedienen: Zur Wahl standen zehn spezielle Metallic-Lackierungen und zwölf Lederfarben.

Das neue Stoffdesign „Arezzo“ war neben Anthrazit in den Farbtönen Merlinblau und Magmarot erhältlich. Diese kräftigen Farben zierten dann nicht nur die Sitzflächen, sondern auch den Deckel des Handschuhkastens samt Griff, die mittleren Bereiche der Türinnenverkleidungen, die Wangen der Mittelkonsole, das Leder des neu gestalteten Schalthebels samt Lederbalg, die Umrandung des Kombi-Instruments und die oberen Innenseiten des Lenkrads. Dieses Vierspeichenlenkrad war auch neu, und dessen Airbagpolster so gestaltet, dass die Betätigung der Hupe nicht mehr über zwei separate Tasten am Rand erfolgte, sondern über das gesamte Airbagpolster.

Beim Vorgängermodell waren die Zierteile noch im Carbon-Look gehalten, diese Teile zeigten sich nun in strukturiertem Aluminium. Wer es exklusiver wollte, erhielt für 1160 Euro eine Edelholzausführung, wahlweise aus braunem Eukalyptus („Calyptus Linea“) oder schwarzem Vogelaugenahorn. Der verchromte Auslöseknopf des Handbremshebels dagegen war serienmäßig.

Die Zifferblätter der Instrumente zeigten sich nun in einem helleren Farbton namens „Muschel“, dem gleichen, in dem fortan auch der

Mutige Farbe und heute selten zu finden: Lederausstattung in Merlinblau

Stets den Überblick: Wartungsanzeige im Tachometer

Bequem: erstmals elektrisch verstellbare Sitze im SLK

Besserer Seitenhalt: Die Lehnenrahmen erhielten einen zusätzlichen Bügel

Dachhimmel gehalten war. Im Kombi-Instrument wurden durch die Anzeige von einem oder zwei Schraubenschlüsseln angezeigt, ob und wann eine kleine oder große Inspektion bevorstand.
Die Sitze zeigten sich in neuem Design mit erheblich verbessertem Seitenhalt, weil der Lehnenrahmen einen zusätzlichen Bügel erhalten hatte. Erstmals war für den SLK auch eine elektrische Sitzeinstellung (900 Euro) bestellbar. Auch das bisher etwas fummelig anzubringende Windschott wurde zwecks leichterer Handhabung überarbeitet.
Die Innenraumleuchte am Dach erhielt ein neues Design und beherbergte gegebenenfalls ein Richtmikrophon für Telefonie, Elektronik für die Innenraumabsicherung und den Garagentoröffner.

Antrieb – mehr Kraft, mehr Gänge

Während beim Vorgänger SLK 200 mit seinen 100 kW (136 PS) der Begriff Einstiegsmodell noch durchaus zutraf, galt dies für den neuen SLK 200 Kompressor nicht mehr, denn die Aufladung verhalf dem neuen 200er zu einer Spitzenleistung von 120 kW (163 PS). Der SLK 200 Kompressor löste auch das bisherige Modell gleichen Namens ab, das für Italien, Griechenland und Portugal gebaut wurde. Der SLK 230 Kompressor erhielt eine vergleichsweise bescheidene Leistungsspritze von 142 kW (193 PS) auf 145 kW (197 PS). Bei beiden Vierzylindermotoren wurde die zulässige Höchstdrehzahl von 6000 auf 6200/min erhöht.

Mut zur Veredelung: Das designo Programm ließ kaum Wünsche offen

Sieht stark aus: AMG Stylingpaket

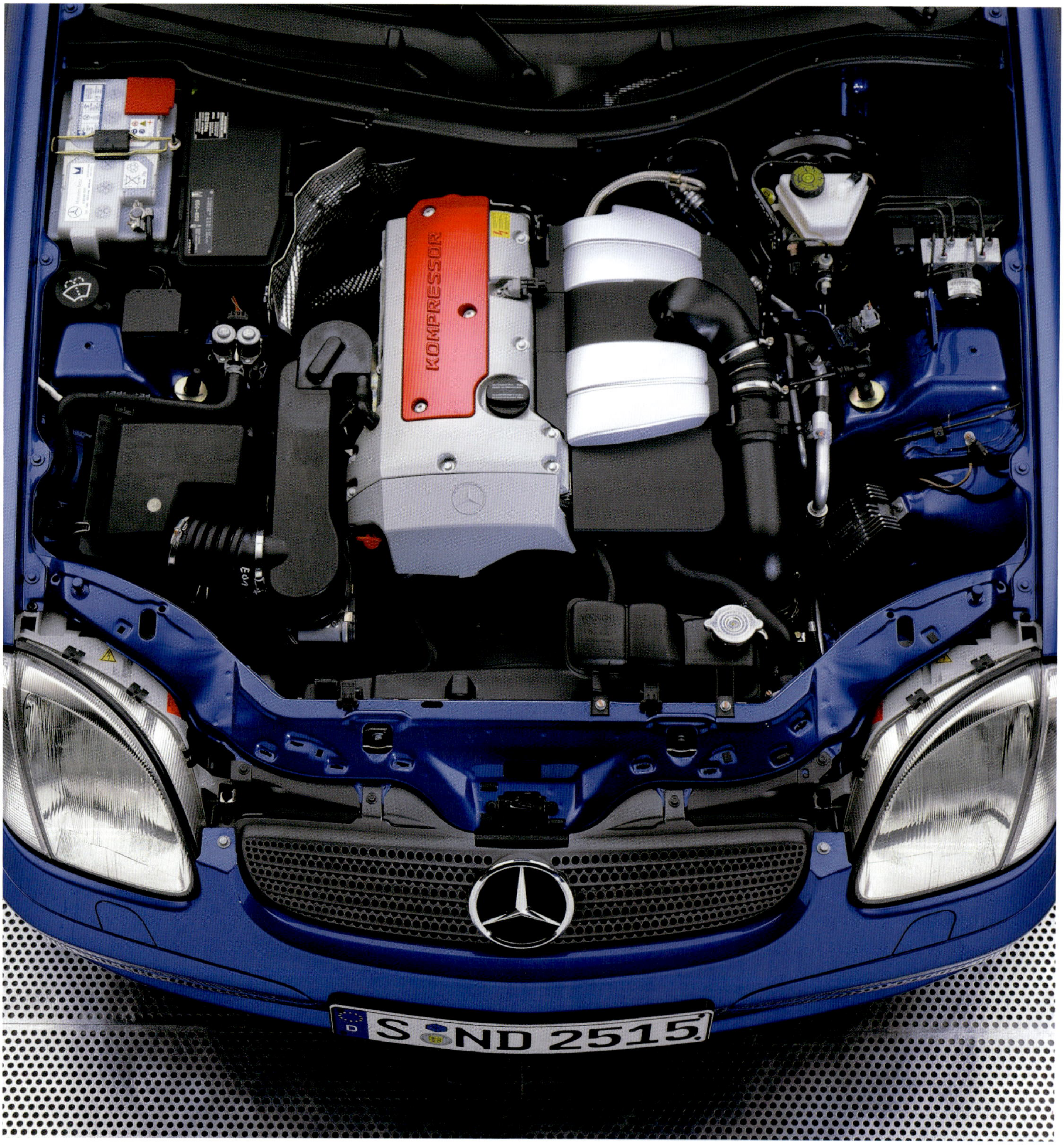

Mehr Dampf unter der Haube: Der SLK 200 erstarkte von 136 auf 163 PS – und trug fortan den Zusatz „Kompressor“ im Namen

Kein Schongang: Der sechste Gang des neuen Schaltgetriebes war als echter Fahrgang ausgelegt, denn der SLK erreichte seine Höchstgeschwindigkeit im letzten Gang

Im Hinblick auf kommende Abgas- und Geräuschlimits waren über 150 Bauteile des Vierzylinder-Motors mit dem Kürzel M 111 optimiert. So erhielt zum Beispiel der Zylinderkopf strömungsoptimierte Ein- und Auslasskanäle mit ovalem Querschnitt und eine neue, kompaktere Brennraumgestaltung. Die Nockenwelle wurde mit einem speziellen Sensor ausgestattet, der beim Kaltstart die Position des Kolbens im ersten Zylinder ermittelte, so eine bessere Steuerung der Einspritzventile ermöglichte und damit für ein besseres Kaltstartverhalten des Motors sorgte. Die Kettenräder der Steuerkette erhielten zur Geräuschdämpfung eine Gummibeschichtung. Der Kompressor verfügte über eine neu entwickelte Lagertechnik, die ihn deutlich leiser werden ließ. Somit war seine Abkopplung im Leerlauf wie beim Vorgänger nicht mehr erforderlich, was durch den Verzicht auf die Lader-Kupplung Gewicht sparte. Einzelfunken-Zündspulen direkt im Zylinderkopf erhöhten die Leistungsfähigkeit der Zündanlage. Den Funken lieferten nun Langzeit-Platinkerzen, die auf eine Laufleistung von 100.000 Kilometern ausgelegt waren. Ein neu entwickelter elektrischer Sauglüfter versorgte den Motor bedarfsgerecht mit Kühlluft, und auch die Luftführungsteile und das Saugrohr wurden bezüglich der Geräuschentwicklung optimiert. So erfüllten alle Modelle des Jahrgangs 2004 die EU-4-Vorschriften, die europaweit ab 2005 galten. Diesem Umstand war auch zu verdan-

Ein Gang mehr: sechs Gänge nach der Modellpflege

Fünf mussten reichen: Fünfgang-Schalthebel vor der Modellpflege

Edle Ausstattung: Fünfgang-Automatikgetriebe mit Tippschaltung

Dezenter Hinweis: 3,2 Liter Hubraum

Strömungsgünstiger: Die Höchstgeschwindigkeit des SLK 320 von 245 km/h machte bei geschlossenem Dach einfach mehr Spaß

ken, dass eine „Check Engine"-Kontrollleuchte als stilisierter Motor im Kombi-Instrument aufleuchtete, wenn ein für die Schadstoffemissionen relevantes Bauteil gestört war.

Neues Topmodell war der SLK 320 – der „V6"-Schriftzug auf der Einstiegsblende verriet bereits beim Einsteigen, was Sache war. Der Motor, bereits bekannt aus der E-Klasse, M-Klasse und S-Klasse sowie CLK und SL, verfügte über 3,2 Liter Hubraum, leistete 160 kW (218 PS) und hatte zwei Zündkerzen pro Zylinder. Das maximale Drehmoment von 310 Newtonmetern stand bereits bei Drehzahlen ab 3000/min zur Verfügung, was schaltfaules Fahren ermöglichte. Die Fahrleistungen des SLK 320 waren beachtlich: von null auf 100 km/h in 6,9 Sekunden, Höchstgeschwindigkeit 245 km/h. Auch dieser Motor erfüllte die EU-4-Vorschriften. Um den höheren Fahrleistungen des Sechszylindermotors gerecht zu werden, erhielt der SLK 320 vorn Bremsscheiben mit 300 statt 288 Millimeter Durchmesser.

Standardausrüstung für die beiden Vierzylindermotoren und den Sechszylinder war ein neues Sechsgang-Schaltgetriebe. Im Gegensatz zur E-Klasse, wo dieses Getriebe seit 1999 eingesetzt wurde, war im SLK der letzte Gang nicht als Schon-, sondern als Fahrgang ausgelegt. Das hieß: Der SLK erreichte seine Höchstgeschwindigkeit im letzten Gang.

Als Sonderausstattung war weiterhin das Fünfgang-Automatikgetriebe im Angebot, jetzt aber mit Tippschaltung ausgestattet. Der Fahrer musste den Wählhebel in Stellung „D" jetzt nur leicht nach links bewegen, und das Getriebe wechselte in den nächst niedrige-

Kraftpaket: Der V6-Motor des SLK 320 sorgte für ein maximales Drehmoment von 300 Newtonmetern schon ab einer Drehzahl von 3000/min

Fünfgang-Automatikgetriebe: serienmäßig jetzt mit Tippschaltung

ren Fahrbereich, tippen nach rechts schaltete in den nächst höheren. In welchen, war in einem neuen Display im Drehzahlmesser links neben der Digitaluhr zu sehen. Nach links oder rechts drücken und halten bewirkte eine Rückkehr in den Wahlbereich „D“.

Serienausstattung – jetzt mit ESP

Ab der Modellpflege gehörte das ESP zur Serienausstattung, das auch die ASR-Funktion beinhaltete.

Das Tankvolumen vergrößerte sich von 53 auf 60 Liter. Während der SLK 200 mit 100 kW (136 PS) und Automatikgetriebe mit einem kombinierten Verbrauch von 9,3 Liter eine rechnerische Reichweite von 570 Kilometern hatte, steigerte sich diese beim 120 kW (163 PS) starken SLK 200 Kompressor mit Automatikgetriebe auf 650 Kilometer. Das Sechsgang-Schaltgetriebe beinhaltete serienmäßig SPEEDTRONIC mit Tempomat und Limiter. Und im Topmodell SLK 320 gehörte eine Klimaanlage zur Serienausstattung.

Musste der SLK bis zur Modellpflege noch mit einer Antriebsschlupfregelung (ASR) auskommen …

… erhöhte sich die Sicherheit ab 2000 durch das serienmäßige Elektronische Stabilitätsprogramm (ESP)

Seitenblick: ABS, ETS, ASR, und ESP kurz erklärt

Mit blockierenden Rädern kann man ein Fahrzeug nicht lenken: Blockieren die Vorderräder in einer Kurve, rutscht das Auto ungewollt geradeaus, blockieren die Hinterräder, kann das Auto hinten ausbrechen. ABS (Antiblockiersystem) verhindert dies. An jedem Rad sitzt ein Sensor, der die Raddrehzahlen misst. Ein Steuergerät verarbeitet diese Signale, und die Hydraulikeinheit regelt blitzschnell und exakt passend den Bremsdruck an jedem einzelnen Rad. So erlaubt ABS eine Vollbremsung, ohne dass der Wagen ins Rutschen oder Schleudern gerät. Da ABS seit 1992 in allen Modellen von Mercedes-Benz zur Serienausstattung gehörte, war natürlich auch der SLK von Anfang an damit ausgerüstet.

Der nächste Schritt war das Kontrollieren der Beschleunigung. Das Elektronische Traktions-System (ETS) nutzt ebenfalls die Informationen der Raddrehzahlsensoren. Denn wenn ein Rad beispielsweise beim Beschleunigen auf glattem Untergrund durchdreht, ist seine Drehzahl höher als die der anderen Räder. Der einfachste Weg, dies zu verhindern, ist das Abbremsen dieses Rades. Genau dies tat das ETS, das im SLK 200 als Sonderausstattung lieferbar war. Der Nachteil: Bei längeren Fahrten zum Beispiel auf verschneiten Straßen konnte dies eine arge Belastung für die Bremsen sein, da die Räder ständig vom ETS eingebremst wurden, ohne dass der Fahrer vielleicht auch nur ein einziges Mal aufs Pedal getreten hätte. Der nächste Schritt war also, dem betroffenen Rad gleichzeitig weniger Drehmoment zu übertragen. Genau dies konnte die Antriebsschlupfregelung ASR. Dieses verbesserte System gehörte im SLK 230 Kompressor von Anfang an zur Serienausstattung, war ab 1997 im SLK 200 zunächst als Sonderausstattung lieferbar und gehörte schließlich ab Mitte 1998 auch hier zur Serienausstattung.

Die nächste Evolutionsstufe war das Elektronische Stabilitätsprogramm ESP. Es verhinderte, dass das Auto bei zu schneller Fahrt in einer Kurve schleuderte. Hierfür waren weitere Sensoren nötig: Erfassen des Richtungswunsches des Fahrers (Lenkwinkelsensor) und Erkennen, ob das Auto seitlich wegrutschte (Querbeschleunigungssensor) oder dabei war, sich zu drehen (Gierwinkelsensor). Erkannte das System, dass das Auto in einer Kurve über die Vorderräder nach außen schob, zog es hauptsächlich durch eine Bremsung des kurveninneren Hinterrads das Fahrzeug wieder in die Spur. Brach dagegen das Heck aus, leistete dem ein Bremseingriff am kurvenäußeren Vorderrad Widerstand. Das funktionierte und funktioniert auch heute natürlich nur innerhalb der physikalischen Grenzen, denn irgendwann ist zu schnell einfach zu schnell – dann kann auch das beste ESP nicht mehr helfen.

Das innovative Fahrsicherheitssystem von Mercedes-Benz wurde 1995 erstmals im S-Klasse Coupé serienmäßig eingeführt. Seit dem Jahr 2000 ist jeder Mercedes-Benz Pkw damit ausgerüstet, seit November 2011 ist ESP Vorschrift für alle neu zugelassenen Pkw in Europa.

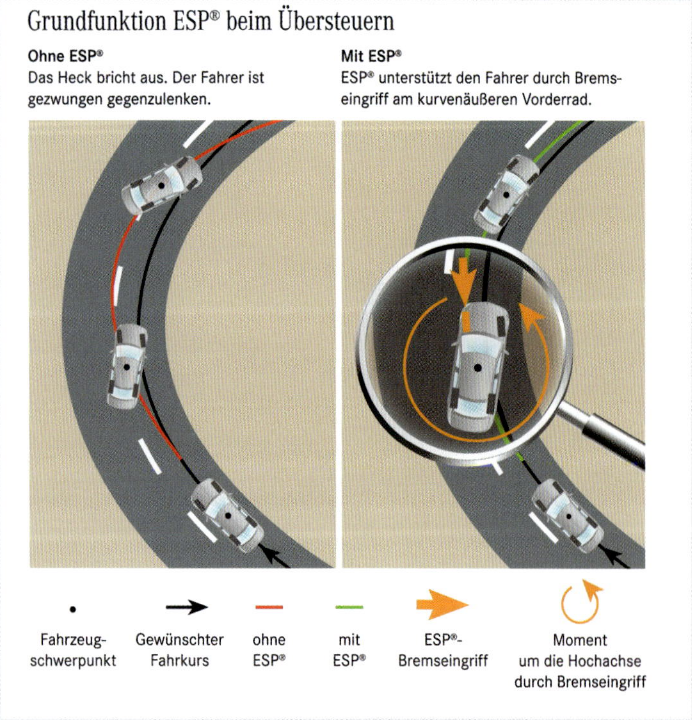

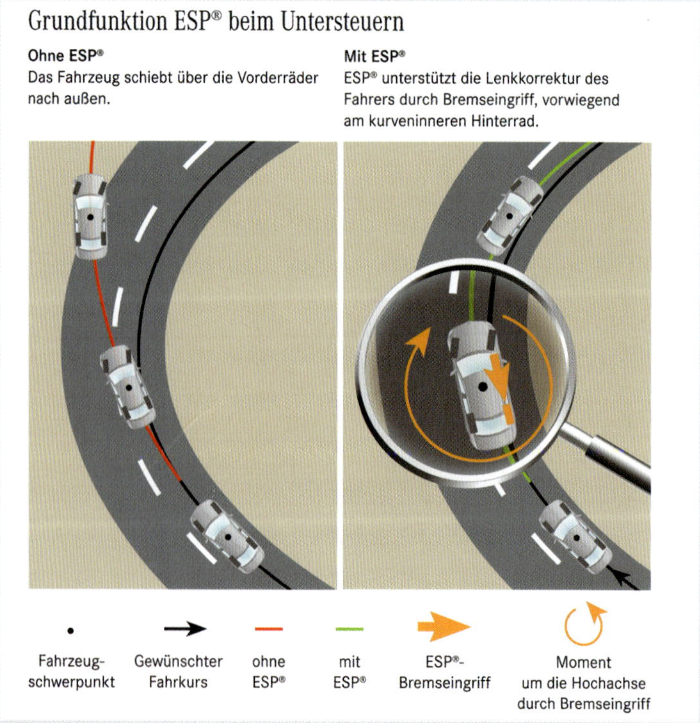

Änderungen im Detail – was man nicht sah

Für eine noch höhere Sicherheit im Fall eines schweren Frontalaufpralls wurden die äußeren Längsträger und der Hauptboden verstärkt und die Materialstärke der Ellipsoid-Stirnwand erhöht. Die Türen konnten durch eine Änderung der Innenblechkontur und zusätzliche Verstärkungen im Bereich der Bordkante noch höhere Kräfte in die Karosseriestruktur übertragen.

Ein zusätzlicher Drehstab-Stabilisator an der Hinterachse und ein verstärkter Stabilisator an der Vorderachse trugen dem dynamischeren Auftritt des modellgepflegten SLK Rechnung.

Um die Windgeräusche weiter zu verringern, saß an der Türunterkante nun eine überarbeitete Dichtung. Die Seitenscheiben hoben oder senkten sich nun über einen Antrieb mit einem Doppelseilzug statt der bisherigen Scherenmechanik. Und eine Verstärkung des Innenteils trieb der Motorhaube eine Flatterneigung bei hohen Geschwindigkeiten aus.

Für den Einbau des V6-Motors musste das Lenkgetriebe etwas tiefer gelegt werden, so verringerte sich der Abstand vom Gaspedal zum Lenkrad von 682 auf 665 Millimeter. Die zusätzlichen Maßnahmen zur Erhöhung der Sicherheit und Verbesserung des Geräuschkomforts und zum Beispiel das höhere Gewicht des Sechsganggetriebes sowie der größere Tank blieben nicht ohne Folgen: Der neue SLK 200 Kompressor war 95 Kilogramm schwerer als der SLK 200, der modellgepflegte SLK 230 Kompressor wog 60 Kilogramm mehr als sein Vorgänger.

Im Unsichtbaren: Mit der Modellpflege erfuhr der SLK eine Menge Detailverbesserungen – die ihn allerdings auch etwas schwerer machten

Der SLK von 2001 bis 2003

Baureihe R 170

Der SLK von 2001 bis 2003
Baureihe R 170

2001: neues Topmodell SLK 32 AMG

Im März 2001 kam der 260 kW (354 PS) starke SLK 32 AMG zu einem Grundpreis von 56.840 Euro auf den Markt. Die erste AMG Variante des SLK stieß damit das bisherige Topmodell SLK 320 vom Thron. Wer es noch nicht aus dem Doppelendrohr gehört hatte, konnte es seitlich auf den Kotflügeln nachlesen: „V6 Kompressor". Der V6-Motor basierte auf dem 3,2-Liter-Motor des SLK 320, war aber zusätzlich mit einem Kompressor aufgeladen. Die Höchstgeschwindigkeit war elektronisch auf 250 km/h begrenzt, und für die Verzögerung sorgten mächtige innenbelüftete Bremsscheiben mit einem Durchmesser von 330 Millimetern vorn und 300 Millimetern hinten. 17-Zoll-Leichtmetallräder mit Doppelspeichendesign ließen den SLK 32 AMG standesgemäß auftreten. AMG typisch und serienmäßig waren ein spezielles Lenkrad, die Einstiegsleisten, das Kombi-Instrument, die Sportsitze in zweifarbigem Leder mit Sitz-

Prominenter Pilot: Hinter dem Steuer des neuen SLK 32 AMG sitzt Bernd Schneider, der fünffache Meister der Deutschen Tourenwagen-Meisterschaft

Schiebt mächtig an: V6-Motor des SLK 32 AMG mit 354 PS

heizung und integrierten Kopfstützen sowie das SPEEDSHIFT Fünfgang-Automatikgetriebe. Die Zierteile waren in anthrazitfarbenem Vogelaugenahorn gehalten, auch die Bedienelemente der serienmäßigen Klimaanlage präsentierten sich in Anthrazit.

Ab Mitte dieses Jahres leuchtete bei allen Modellen nach dem Motorstart kurz eine Kontrollleuchte im Kombi-Instrument auf, die zum Anlegen der Sicherheitsgurte aufforderte. Zur Erhöhung der Sicherheit erhielten die A-Säulen eine neue Verkleidung, die einen eventuellen Kopfaufprall dämpften. In der Preisliste fand sich die neue Sonderausstattung „AMG Sportsitze“ für rund 900 Euro. Im Lackangebot löste Alabasterweiß das Firnweiß ab. Und die Sonderausstattung „Styling AMG“ kostete jetzt statt 4124 lediglich 3457 Euro, enthielt dafür aber auch nicht mehr den Nachschalldämpfer im AMG Design.

Vergleichsweise dezent: Innenraum des SLK 32 AMG

2002: Sondermodelle „Special Edition“ und SLK 320 „Mille Miglia Edition“

Das bisher einzige Sondermodell des SLK, die 1997 nur 40-mal gebaute „Mille Miglia Edition“, gab es bei keinem Händler der Welt zu kaufen. Doch ab dem 29. April 2002 konnten die Kunden das auf 2000 Stück limitierte Sondermodell „Special Edition“ bestellen, das dann im Mai auf den Markt kam. Die Special Edition gab es als SLK 200 Kompressor für 33.698 Euro (Aufpreis gegenüber einem normalen SLK 200 Kompressor 1972 Euro), als SLK 230 Kompressor für 36.250 Euro (Aufpreis 1624 Euro) oder als SLK 320 für 42.282 Euro (Aufpreis 1508 Euro). Was gab es für das zusätzliche Geld? Eine ganze Menge: 17-Zoll-Felgen im „Evolution“-Design und Bereifung des Formats 225/45, Sitze mit schwarzem Nappaleder, Sitzheizung, schwarze Veloursteppiche mit silberner Umrandung und „Mercedes-Benz“-Plakette sowie einen quarzfarbenen Dachhimmel.

Die Zifferblätter im Kombi-Instrument waren silbern bedruckt, die Zeiger weiß mit glänzenden Kappen. Die Zierteile in der Mittelkonsole und an den Türverkleidungen bestanden aus glanzgebürstetem Aluminium. Den Schriftzug „Special Edition“ fand man auf Plaketten auf den Kotflügeln, auf dem Schalt- oder Wählhebel selbst und auf dessen Umrandung. Die Skalenringe von Heizung und Klimaanlage waren schwarz gehalten und weiß beschriftet.

Und wieder einmal hatte Mercedes-Benz die Mille Miglia zum Anlass genommen, extra dafür ein Sondermodell zu bauen, diesmal den SLK 320 „Mille Miglia Edition“ – und diesmal in der sehr exklusiven Stückzahl von zwölf Exemplaren. Der Kühlergrill war in Chromsilber metallic lackiert, die Zifferblätter waren im Stil des

Zwei Sondermodelle: im Vordergrund der SLK „Special Edition“, dahinter das CLK Cabriolet „Final Edition“

Mercedes-Benz 190 SL gestaltet und auf den Kotflügeln und dem Heckdeckel prangte das „Mille Miglia“-Logo .

In der laufenden Serie gab es den Stoff Arezzo nur noch in Anthrazit, die Farben Merlinblau und Magmarot für den Innenraum entfielen. Die Metallic-Farbe Andraditgrün ersetzte Prismatingrün, Cubanitsilber kam neu hinzu. Und im Klimabediengerät wurde die Anzeige „EC“ durch „AC off“ ersetzt.

2003: Sondermodell „Final Edition“

Die Produktionszeit der Baureihe 170 neigte sich dem Ende zu. Als Leckerbissen zum Schluss brachte Mercedes-Benz im Mai 2003 das exklusiv ausgestatte Sondermodell „Final Edition“ auf den Markt, Verkaufsstart war der 24. Februar 2003. Auch hier waren alle Motorisierungen außer dem AMG Modell als Basis wählbar. Der SLK 200 Kompressor kostete als Final Edition 31.400, der 230 Kompressor 36.772 und der SLK 320 42.804 Euro. Dieses Sondermodell hatte noch einiges mehr zu bieten als die „Special Edition“ vom Vorjahr, denn für den Aufpreis von 1856, 1624 beziehungsweise 1508 Euro gab es eine Nappaleder-Ausstattung mit einer speziellen Nahtoptik, wahlweise in Schwarz oder Classic-Rot. Dazu passend waren auch die Fußmatten silbern oder rot umrandet. Mit diesem Leder waren nicht nur die Sitze (mit serienmäßiger Sitzheizung) bezogen, sondern auch die Überrollbügel, die Türverkleidungen und das Airbagfeld.

Der Kühlergrill war in Chromsilber metallic lackiert. Von der Seite gab sich das Sondermodell durch die 16-Zoll-Leichtmetallfelgen im speziellen 5-Doppelspeichendesign „Alycone“, „Final Edition“-Schriftzügen auf Kotflügeln sowie durch die umlaufenden Zierleis-

SLK „Final Edition“ von 2003: dezenter Hinweis auf das Sondermodell durch die Plakette am Kotflügel

Die Details machen's: edle spezielle Felgen im 5-Doppelspeichendesign „Alycone“ für die „Final Edition“, außerdem glänzende Zierleisten

Auch innen exklusiv: Nappaleder-Ausstattung mit spezieller Pfeifenoptik

Unterschied auch im Kleinen: silberne Zifferblätter mit weißen Zeigern

Besonderheit: schwarze Drehregler mit weißer Beschriftung

ten aus hochglanzpoliertem Aluminium zu erkennen.

Wie auch schon bei der „Special Edition“ zeigte sich das Kombi-Instrument extravagant mit weißen Zeigern samt silbernen Kappen auf silbernen Zifferblättern, garniert mit metallisch silbernen Stellknöpfen. Auch hier waren die Bedienelemente der Heizung und der Klimaanlage mit schwarzen Skalenringen mit weißer Beschriftung versehen und der Dachhimmel quarzfarben gehalten. Auf dem Schalt- beziehungsweise Wählhebel fand sich das „Final Edition“-Logo wieder.

Die Oberfläche der Mittelkonsole, der Rahmen der Schaltkulisse und die Zierelemente in den Türen bestanden aus quergebürstetem Aluminium. Wer einen etwas weniger metallischen Innenraum wollte, konnte auch das Holz Vogelaugenahorn wählen.

In der laufenden Serie tat sich kurz vor dem Auslauf der Baureihe R 170 naturgemäß nicht mehr viel: Lediglich der Uni-Lack Feueropal ersetzte Magmarot. Außerdem änderte sich bei den Automatikgetrieben die Bezeichnung des „W“-Programms (wie Winter) in „C“ wie Comfort.

Immer im Blick: Logo auf dem Schalthebel

Hübsche Veredelung: belederte Überrollbügel

Mehr Reichweite: Das Tankvolumen hatte sich von 53 auf 60 Liter vergrößert

Zahlen, Daten und Fakten zur Baureihe R 170

Rund 311.000 SLK der Baureihe R 170 verließen das Werk Bremen. Etwa 60 Prozent davon gingen ins Ausland: 22 Prozent in die USA, 28 Prozent ins benachbarte Europa, vier Prozent sogar nach Japan. Mit rund 161.000 Einheiten, also gut 50 Prozent, war der SLK 230 Kompressor das mit Abstand meistverkaufte Modell. SLK 200 und 200 Kompressor machten mit zirka 112.000 Stück einen Anteil von rund 36 Prozent aus. Naturgemäß waren die Verkaufszahlen der groß motorisierten Roadster geringer: Der SLK 320 verkaufte sich rund 33.000mal, der SLK 32 AMG 4.333mal.

Von den 311.000 Fahrzeugen wurden ungefähr 190.000 Stück mit Automatikgetriebe ausgeliefert, daran hatte der SLK 230 Kompressor mit 85.000 Stück den größten Anteil.

Und trotz der farbenfrohen Lackpalette: Die meistbestellten Farben waren Brillantsilber (46 %) und Obsidianschwarz (13 %).

Baureihe R 170 (1996 – 1999)

	SLK 200	SLK 200 Kompressor	SLK 230 Kompressor
Baumuster	170.435	170.445	170.447
bestellbar ab	23.04.1996	–	23.04.1996
Markteinführung in Deutschland	14.09.1996	nur in Portugal, Griechenland und Italien	14.09.1996

Motor

	SLK 200	SLK 200 Kompressor	SLK 230 Kompressor
Motortyp	M 111 E 20	M 111 E 20 ML	M 111 E 23 ML
Motor-Baumuster	111.946	111.943	111.973
Bauart	Vierzylinder-Ottoreihenmotor, 15 Grad nach rechts geneigt, Saugrohreinspritzung, zwei Einlass- und zwei Auslassventile pro Zylinder, geregelter 3-Wege-Katalysator	Vierzylinder-Ottoreihenmotor, 15 Grad nach rechts geneigt, Saugrohreinspritzung, zwei Einlass- und zwei Auslassventile pro Zylinder, geregelter 3-Wege-Katalysator	Vierzylinder-Ottoreihenmotor, 15 Grad nach rechts geneigt, Saugrohreinspritzung, zwei Einlass- und zwei Auslassventile pro Zylinder, geregelter 3-Wege-Katalysator
Ventilsteuerung	zwei obenliegende Nockenwellen (Einlass-Nockenwelle verstellbar)	zwei obenliegende Nockenwellen (Einlass-Nockenwelle verstellbar)	zwei obenliegende Nockenwellen (Einlass-Nockenwelle verstellbar)
Nockenwellenantrieb	Duplex-Kette	Duplex-Kette	Duplex-Kette
Hubraum (cm³)	1998	1998	2295
Bohrung x Hub (mm)	89,9 x 78,7	89,9 x 78,7	90,9 x 88,4
Nennleistung	100 kW / 136 PS bei 5500/min	141 kW / 192 PS bei 5300/min	142 kW / 193 PS bei 5300/min
Nenndrehmoment	190 Nm bei 3700 – 4500/min	270 Nm bei 2500 – 4800/min	280 Nm bei 2500 – 4800/min
Verdichtungsverhältnis	10,4 : 1	8,5 : 1	8,8 : 1
Gemischbildung	mikroprozessorgesteuerte Einspritzanlage	mikroprozessorgesteuerte Einspritzanlage, Kompressor-Aufladung mit Ladeluftkühlung	mikroprozessorgesteuerte Einspritzanlage, Kompressor-Aufladung mit Ladeluftkühlung
Schmierung	Druckumlaufschmierung / 5,5 l Öl	Druckumlaufschmierung / 5,5 l Öl	Druckumlaufschmierung / 5,5 l Öl
Batterie (Ah)	46	46	46
Generator (W)	1260	1260	1260

Kraftübertragung*

	SLK 200	SLK 200 Kompressor	SLK 230 Kompressor
Getriebe	Fünfgang-Schaltgetriebe Serie (Fünfgang-Automatikgetriebe als Sonderausstattung)	Fünfgang-Schaltgetriebe (Fünfgang-Automatikgetriebe als Sonderausstattung)	Fünfgang-Schaltgetriebe Serie
Übersetzungen			
Achsantrieb	3,91 (3,91)	3,46	3,46 (3,26)
1. Gang	3,91 (3,93)	3,86	3,86 (3,93)
2. Gang	2,17 (2,41)	2,18	2,18 (2,41)
3. Gang	1,37 (1,49)	1,38	1,38 (1,49)
4. Gang	1,00 (1,00)	1,00	1,00 (1,00)
5. Gang	0,81 (0,83)	0,80	0,80 (0,83)
6. Gang	– (–)	– (–)	– (–)
Rückwärtsgang	4,27 (3,10)	4,22	4,22 (3,10)

Fahrwerk

	SLK 200	SLK 200 Kompressor	SLK 230 Kompressor
Vorderachse	Doppel-Querlenker-Achse, Schraubenfedern, Gasdruckstoßdämpfer, Drehstab-Stabilisator	Doppel-Querlenker-Achse, Schraubenfedern, Gasdruckstoßdämpfer, Drehstab-Stabilisator	Doppel-Querlenker-Achse, Schraubenfedern, Gasdruckstoßdämpfer, Drehstab-Stabilisator
Hinterachse	Raumlenkerachse, Schraubenfedern, Gasdruckstoßdämpfer	Raumlenkerachse, Schraubenfedern, Gasdruckstoßdämpfer	Raumlenkerachse, Schraubenfedern, Gasdruckstoßdämpfer
Lenkung	Kugelumlauf-Servolenkung	Kugelumlauf-Servolenkung	Kugelumlauf-Servolenkung
Lenkübersetzung	15,5 : 1	15,5 : 1	15,5 : 1
Bremsanlage	vier Scheibenbremsen, vorn innenbelüftet, mechanische Feststellbremse, ABS, ab 06/1997 mit Bremsassistent	vier Scheibenbremsen, vorn innenbelüftet, mechanische Feststellbremse, ABS, ab 06/1997 mit Bremsassistent	vier Scheibenbremsen, vorn innenbelüftet, mechanische Feststellbremse, ABS, ab 06/1997 mit Bremsassistent
Bremsscheiben-Durchmesser v / h (mm)	288 / 278	288 / 278	288 / 278
Felgen	7,0 J x 15 H 2 ET 37 vorn und hinten	7,0 J x 16 H 2 ET 37 vorn, 8,0 x 16 H 2 ET 30 hinten	7,0 J x 16 H 2 ET 37 vorn, 8,0 x 16 H 2 ET 30 hinten
Bereifung	205/60 R 15 vorn und hinten	205/55 R 16 vorn, 225/50 R 16 hinten	205/55 R 16 vorn, 225/50 R 16 hinten

Maße und Gewichte

	SLK 200	SLK 200 Kompressor	SLK 230 Kompressor
Radstand (mm)	2400	2400	2400
Spurweite vorn / hinten (mm)	1488 / 1471	1488 / 1485	1488 / 1485
Länge / Breite (ohne Spiegel) / Höhe (mm)	3995 / 1715 / 1288	3995 / 1715 / 1288	3995 / 1715 / 1288
Wendekreis (m)	10,6	10,6	10,6
Kofferraumvolumen (Liter)	348 (bei geöffnetem Variodach 145)	348 (bei geöffnetem Variodach 145)	348 (bei geöffnetem Variodach 145)
Gewicht fahrfertig (kg)	1270	1325	1325
zulässiges Gesamtgewicht (kg)	1530	1585	1585
Zuladung (kg)	260	260	260
Tankinhalt/davon Reserve (Liter)	53 / 7	53 / 7	53 / 7

Fahrleistungen und Verbrauch*

	SLK 200	SLK 200 Kompressor	SLK 230 Kompressor
Beschleunigung 0–100 km/h (s)	9,3 (9,7)	7,7 (–)	7,4 (7,3)
Höchstgeschwindigkeit (km/h)	208 (203)	231 (–)	231 (227)
Verbrauch** (l/100 km)	9,1 (9,3)	9,2 (–)	9,3 (9,5)
CO_2-Emission (g/km)	217 (220)	218 (–)	220 (225)

	SLK 200	SLK 200 Kompressor	SLK 230 Kompressor
Grundpreise****	04/1996: 52.9000 DM	---	04/1996: 60.950 DM
	03/1997: 54.510 DM	---	03/1997: 62.560 DM
	06/1998: 56.260 DM	---	06/1998: 64.032 DM
	02/1999: 56.956 DM	---	02/1999: 64.728 DM

* Werte für Automatikgetriebe in Klammern; **kombiniert nach Richtlinie 93/116/EG;
*** elektronisch abgeregelt
**** einschl. Mehrwertsteuer

Baureihe R 170 (2000 - 2003)

SLK 200 Kompressor	SLK 230 Kompressor	SLK 320	SLK 32 AMG
170.444	170.449	170.465	170.466
10.01.2000	10.01.2000	10.01.2000	29.01.2001
Frühjahr 2000	Frühjahr 2000	Frühjahr 2000	Frühjahr 2000
M 111 E 20 ML EVO	M 111 E 23 ML EVO	M 112 E 32	M 112 E 32 ML AMG
111.958	111.983	112.947	112.960
Vierzylinder-Ottoreihenmotor,	Vierzylinder-Ottoreihenmotor,	Sechszylinder-V-Ottomotor,	Sechszylinder-V-Ottomotor,
15 Grad nach rechts geneigt,	15 Grad nach rechts geneigt,	90 Grad Zylinderwinkel,	90 Grad Zylinderwinkel,
Saugrohreinspritzung, zwei Einlass- und	Saugrohreinspritzung, zwei Einlass- und	Saugrohreinspritzung, zwei Einlass- und	Saugrohreinspritzung, zwei Einlass- und
zwei Auslassventile pro Zylinder,	zwei Auslassventile pro Zylinder,	ein Auslassventil pro Zylinder,	ein Auslassventil pro Zylinder,
geregelter 3-Wege-Katalysator	geregelter 3-Wege-Katalysator	geregelter 3-Wege-Katalysator	geregelter 3-Wege-Katalysator
zwei obenliegende Nockenwellen	zwei obenliegende Nockenwellen	je Zylinderreihe	je Zylinderreihe
(Einlass-Nockenwelle verstellbar)	(Einlass-Nockenwelle verstellbar)	eine obenliegende Nockenwelle	eine obenliegende Nockenwelle
Duplex-Kette	Duplex-Kette	Duplex-Kette	Duplex-Kette
1998	2295	3199	3199
89,9 x 78,7	90,9 x 88,4	89,9 x 84,0	89,9 x 84,0
120 kW / 163 PS bei 5300/min	145 kW / 197 PS bei 5500/min	160 kW / 218 PS bei 5700/min	260 kW / 354 PS bei 6100/min
230 Nm bei 2500 – 4800/min	280 Nm bei 2500 – 5000/min	310 Nm bei 3000 – 4600/min	450 Nm bei 4400/min
9,5 : 1	9,0 : 1	10,0 : 1	9,0 : 1
mikroprozessorgesteuerte	mikroprozessorgesteuerte	mikroprozessorgesteuerte	mikroprozessorgesteuerte
Einspritzanlage, Kompressor-Aufladung	Einspritzanlage, Kompressor-Aufladung	Einspritzanlage, Kompressor-Aufladung	Einspritzanlage, Kompressor-Aufladung
mit Ladeluftkühlung	mit Ladeluftkühlung		mit Ladeluftkühlung
Druckumlaufschmierung / 5,5 l Öl	Druckumlaufschmierung / 5,5 l Öl	Druckumlaufschmierung / 8,0 l Öl	Druckumlaufschmierung / 8,0 l Öl
46	46	46	46
1260	1260	1610	1610
Sechsgang-Schaltgetriebe Serie	Sechsgang-Schaltgetriebe Serie	Sechsgang-Schaltgetriebe Serie	Fünfgang-Automatikgetriebe Serie
(Fünfgang-Automatikgetriebe	(Fünfgang-Automatikgetriebe	(Fünfgang-Automatikgetriebe	
als Sonderausstattung)	als Sonderausstattung)	als Sonderausstattung)	
3,46 (3,46)	3,27 (3,27)	3,27 (3,27)	- (3,07)
4,46 (3,93)	4,46 (3,93)	4,46 (3,93)	- (3,59)
2,61 (2,41)	2,61 (2,41)	2,61 (2,41)	- (2,19)
1,72 (1,49)	1,72 (1,49)	1,72 (1,49)	- (1,41)
1,25 (1,00)	1,25 (1,00)	1,25 (1,00)	- (1,00)
1,00 (0,83)	1,00 (0,83)	1,00 (0,83)	- (0,83)
0,84 (-)	0,84 (-)	0,84 (-)	0,84 (-)
4,06 (3,10)	4,06 (3,10)	4,06 (3,10)	- (3,16)
Doppel-Querlenker-Achse,	Doppel-Querlenker-Achse,	Doppel-Querlenker-Achse,	Doppel-Querlenker-Achse,
Schraubenfedern, Gasdruckstoßdämpfer,	Schraubenfedern, Gasdruckstoßdämpfer,	Schraubenfedern, Gasdruckstoßdämpfer,	Schraubenfedern, Gasdruckstoßdämpfer,
Drehstab-Stabilisator	Drehstab-Stabilisator	Drehstab-Stabilisator	Drehstab-Stabilisator
Raumlenkerachse, Schraubenfedern,	Raumlenkerachse, Schraubenfedern,	Raumlenkerachse, Schraubenfedern,	Raumlenkerachse, Schraubenfedern,
Gasdruckstoßdämpfer, Drehstab-Stabilisator	Gasdruckstoßdämpfer, Drehstab-Stabilisator	Gasdruckstoßdämpfer, Drehstab-Stabilisator	Gasdruckstoßdämpfer, Drehstab-Stabilisator
Kugelumlauf-Servolenkung	Kugelumlauf-Servolenkung	Kugelumlauf-Servolenkung	Kugelumlauf-Servolenkung
15,5 : 1	15,5 : 1	15,5 : 1	15,5 : 1
vier Scheibenbremsen, vorn innenbelüftet,	vier Scheibenbremsen, vorn innenbelüftet,	vier Scheibenbremsen, vorn innenbelüftet,	vier Scheibenbremsen, vorn und
mechanische Feststellbremse, ABS,	mechanische Feststellbremse,	mechanische Feststellbremse,	hinten innenbelüftet,
ab 06/1997 mit Bremsassistent	ABS, Bremsassistent, ESP	ABS, Bremsassistent, ESP	mechanische Feststellbremse,
		ABS, Bremsassistent, ESP	
288 / 278	288 / 278	300 / 278	330 / 300
7,0 J x 15 H2 ET 37 vorn und hinten	7,0 J x 16 H 2 ET 37 vorn,	7,0 J x 16 H 2 ET 37 vorn,	7,5 J x 17 H 2 ET 37 vorn,
	8,0 x 16 H 2 ET 30 hinten	8,0 x 16 H 2 ET 30 hinten	8,5 J x 17 H 2 ET 30 hinten
205/60 R 15 vorn und hinten	205/55 R 16 vorn, 225/50 R 16 hinten	205/55 R 16 vorn, 225/50 R 16 hinten	225/45 ZR 17 vorn, 245/40 ZR 17 hinten
2400	2400	2400	2400
1488 / 1471	1488 / 1485	1488 / 1485	1488 / 1477
4010 / 1712 / 1274	4010 / 1712 / 1279	4010 / 1712 / 1279	4010 / 1712 / 1269
10,6	10,6	10,6	10,6
348 (bei geöffnetem Variodach 145)	348 (bei geöffnetem Variodach 145)	348 (bei geöffnetem Variodach 145)	348 (bei geöffnetem Variodach 145)
1365	1385	1405	1495
1625	1645	1665	1755
260	260	260	260
60 / 7	60 / 7	60 / 7	60 / 7
8,2 (8,5)	7,2 (7,3)	6,9 (6,9)	– (5,2)
223 (220)	240 (237)	245 (242)	– (250)****
9,6 (9,2)	9,8 (9,4)	11,1 (10,4)	– (11,2)
228 (218)	232 (223)	263 (246)	– (265)
01/2000: 30.722 Euro	01/2000: 33.747 Euro	01/2000: 39.678 Euro	-
01/2001: 31.204 Euro	01/2001: 34.104 Euro	01/2001: 40.252 Euro	01/2001: 56.840 Euro
01/2002: 31.726 Euro	01/2002: 34.626 Euro	01/2002: 40.774 Euro	02/2002: 57.362 Euro
02/2003: 32.248 Euro	02/2003: 35.148 Euro	02/2003: 41.296 Euro	02/2003: 58.116 Euro

Seitenblick: Chrysler Crossfire auf Basis des R 170

Die Pressemitteilung von Chrysler zu dem neuen Coupé Crossfire aus dem Jahr 2003 jubelte: „Atemberaubendes amerikanisches Design mit bewährter deutscher Technik". Bewährte deutsche Technik? Ja, denn schließlich waren die Firmen Daimler und Chrysler seit November 1998 verheiratet - auch, um zusammen Autos zu bauen. So basierte der Crossfire, dessen Name auf den sich kreuzenden Linien in der Seitenansicht beruhte, zur Ersparnis von Kosten und Entwicklungszeit, technisch auf der Basis des SLK der Baureihe R 170. Genauer gesagt, auf der Basis des SLK 320 mit seinem 3,2-Liter-V6-Motor mit 160 kW (218 PS), lieferbar mit Sechsgang-Schaltgetriebe oder optional mit Fünfgang-Automatikgetriebe. Aber nicht nur das: Rund 40 Prozent des Crossfire stammten aus dem Mercedes-Benz Regal. Das Design des Coupés setzte allerdings einen ganz eigenen Akzent - „Route 66 trifft Autobahn" freute sich die damalige Werbekampagne. Das Coupé stand ab Oktober 2003 für 37.200 Euro bei den deutschen Händlern, in Amerika war das Auto ab Mai 2004 erhältlich. Zum Vergleich: Der SLK 320 kostete 2003 rund 41.300 Euro.
Im Januar 2004 feierte dann der Crossfire Roadster mit Stoffdach auf der North American International Auto Show (NAIAS) in Detroit seine Weltpremiere, im Mai 2004 kam er zum Preis von 38.400 Euro auf den deutschen Markt.
Ab Ende 2004 führte Chrysler zwei neue Ausstattungsvarianten ein: „Black Line" und Silver Line". Während die „Silver Line" tatsächlich einen Mehrwert mit Automatikgetriebe und einem Interieurpaket mit üppigen Carbon-Verkleidungen und einem DVD-Navigationssystem bot, war bei der „Black Line" genau das Gegenteil der Fall. Käufer dieser Variante mussten im Alltag zum Beispiel auf Nebelscheinwerfer, Infinity-Soundsystem, beheizbare Außenspiegel, elektrisch einstellbare Sitze, Lederausstattung Sitzheizung und beheizte Scheibenwischerdüsen verzichten, sparten dafür aber auch 3300 Euro. Außerdem gab es die „Black Line"-Modelle ausschließlich mit der Sechsgang-Handschaltung.
Und dann gab es noch viel Leistung für wenig Geld: die SRT6-Varianten, angetrieben von einem Motor des SLK 32 AMG, der von 260 kW (354 PS) auf 246 kW (335 PS) gedrosselt war. Bildung am Rande: „SRT" stand für Street Racing Technologies, die „6" für die Zahl der Zylinder. Das Coupé SRT6 kostete 50.800, der Roadster SRT6 52.000 Euro brutto. Zum Vergleich: Für den SLK 32 AMG mussten 2003 noch 58.000 Euro den Besitzer wechseln.
Beide Varianten, Roadster und Coupé, wurden bei Karmann in Osnabrück gefertigt. Das Coupé brachte es in den Jahren 2003 bis 2007 auf rund 45.000 weltweit verkaufte Exemplare, der Roadster von 2004 bis 2007 auf etwas über 30.000 Stück. Kein ausreichender Absatz also, um ernsthaft über einen Nachfolger nachzudenken. Aber im Oktober 2007 wurde die Ehe von Chrysler und Daimler ja ohnehin wieder geschieden.

Interieur Roadster: Der amerikanische Stil war unverkennbar

Erst geschlossen: Chrysler Crossfire Coupé ab 2003

Dann auch offen: Chrysler Crossfire Roadster ab 2004

Preisbewusst: SLK 200
und SLK 200 Kompressor
machten 36 Prozent des
Verkaufserfolgs aus

Der SLK ab 2004

Einführung Baureihe R 171

Acht Jahre nach der Premiere des SLK war im Frühjahr 2004 auf dem Automobilsalon in Genf die zweite Generation des Roadsters zu bewundern. Bestellbar war ab dem 7. Januar 2004 der SLK 200 Kompressor (33.524 Euro), der SLK 350 (43.384 Euro) und der SLK 55 AMG (63.974 Euro). Die Markteinführung des SLK 200 Kompressor in Europa erfolgte am 27. März 2004, die Besteller eines SLK 350 mussten allerdings noch bis zum Juli auf ihr neues Auto warten, und wer einen SLK 55 AMG geordert hatte, musste sich noch bis zum Oktober gedulden.

Der Auftritt des SLK der zweiten Generation war nun entschieden sportlicher. Hervorstechendstes Merkmal war die angehobene Mittelachse der Motorhaube, die sich zu der Bugspitze verjüngte und damit deutlich ein Stilelement der Mercedes-Silberpfeile aus der Formel 1 aufgriff. Die Projektionslinsen der neu gestalteten Scheinwerfer verlängerten den Fugenverlauf der Motorhaube. Von der Seite wirkte der neue SLK durch die nach hinten ansteigende Linie keilförmiger als sein Vorgänger. Und in der Rückansicht unterstrich der SLK durch neue markante Rückleuchten mit LED-Technik, die

Stilelement der Formel 1: Gestaltung der Motorhaube

So gesehen eher klassisch: die Front der Vorgänger-Baureihe im Vergleich

kräftig akzentuierte Heckschürze und zwei verchromte ovale Auspuffendrohr-Blenden seinen sportlichen Anspruch.

Der Radstand war um 30 Millimeter auf 2430 Millimeter gewachsen, die Fahrzeuglänge hatte sich um stattliche 72 Millimeter auf 4082 Millimeter erhöht. Der Einstellweg der neu konstruierten Sitze hatte sich um neun Millimeter auf 247 Millimeter verlängert – jetzt fanden auch längere Passagiere im SLK bequem Platz. Die Sitze waren nach vorn klappbar, an den Rücklehnen befanden sich serienmäßig Kleiderhaken.

Das Interieur war insgesamt technischer gehalten als beim Vorgänger. Im Lenkrad, in der Mittelkonsole und in der Tunnelverkleidung kontrastierten silberne Bedienelemente mit schwarzem Untergrund. Das Lenkrad war jetzt serienmäßig in Höhe und Längsrichtung verstellbar und erinnerte mit seinen acht knopfförmigen Bedienelementen entfernt an das Aussehen eines Lenkrads eines Formel-1- Rennwagens. Die Informationen, die beim Vorgängermodell noch auf drei Instrumente verteilt waren, fanden sich nun in zwei Rundinstrumenten gebündelt. Bestückt mit weißen Zeigern und Skalen, waren diese von silbernen Zylindern (sogenannten Tuben) umschlossen. Statt einer Digitaluhr im Drehzahlmesser zeigte nun eine Analoguhr im Tachometer die Zeit an. Der Blinker erleichterte den Spurwechsel mit einer Komfort-Tippschaltung: einmal getippt bewirkte dreimal geblinkt.

Der obere Teil der Türverkleidungen bildete bei geschlossenen Türen mit der Instrumententafel farblich und formal eine Einheit. Bei Wahl einer Lederausstattung waren das Mittelfeld, die Armauflage und Teile des Magnesium-Türgriffs in der gewählten Lederfarbe gehalten.

Apropos Farbe: Nicht nur das einst so charakteristische Gelb mit dem Namen Yellowstone war ab jetzt nicht mehr bestellbar, sondern die gesamte Farbpalette war etwas dezenter geworden. Allerdings war die Auswahl nach wie vor groß, denn mit der exklusiv für den neuen SLK reservierten Sonderfarbe „Benitoitblau“ standen zwölf verschiedene Farben zur Auswahl. Alle Lackierungen schützte serienmäßig ein Klarlack auf Basis der Nano-Technologie. Dabei werden winzig kleine Keramikpartikel in das Lackbindemittel integriert, die sich während des Trocknungsprozesses vernetzen und so eine sehr dichte Struktur bilden. Der Effekt: eine Verbesserung der Kratzfestigkeit der Lackierung um das Dreifache und ein sichtbar besserer Glanz.

Neues Heck: kräftig ausgeprägte Heckschürze, ovale Auspuff-Endrohre und Heckleuchten mit LED-Technik

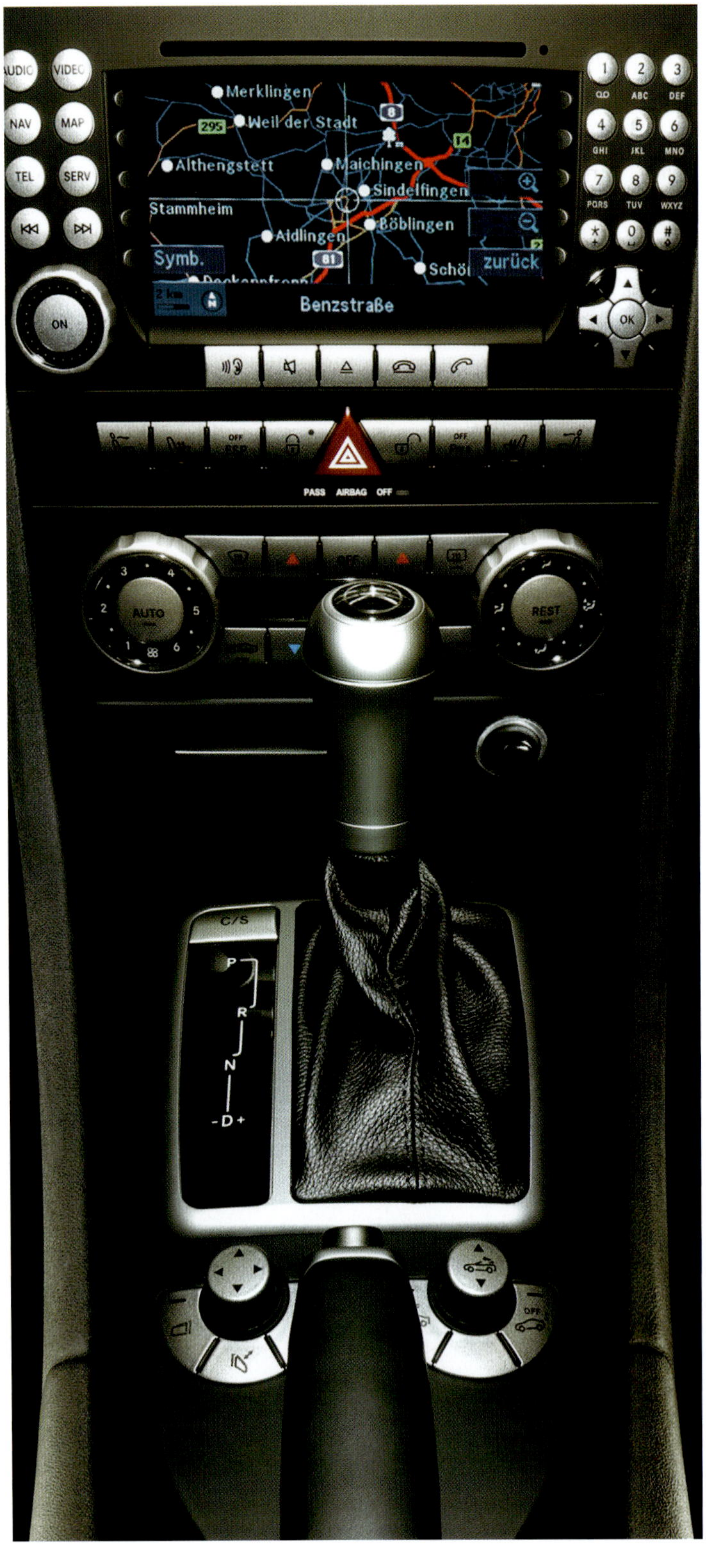

Techno-Style: Silber kontrastierte mit Schwarz

Ähnlichkeit: Auch die Bedientasten am Lenkrad erinnerten entfernt an die Formel 1

Ton in Ton: Die Farbe der Ledersitze fand sich auch in den Türmittelfeldern wieder

Neue Motoren – sparsamer durch ausgeklügelte Technik

Der SLK 200 Kompressor leistete zwar nach wie vor 120 kW (163 PS), diese wurden allerdings von einem neuen Motor mit dem internen Kürzel M 271 E18 ML geliefert. Der Fortschritt der Technik zeigte sich in einem gegenüber dem Vorgängermodell um acht Prozent verringerten Verbrauch.

Einen SLK 230 Kompressor suchte man nun ebenso vergeblich in der Preisliste wie einen SLK 320 – dessen Platz hatte der 200 kW (272 PS) starke SLK 350 eingenommen. Der V6-Motor M 272 E 35 war eine Neuentwicklung und verbrauchte trotz der 25 Prozent höheren Leistung rund drei Prozent weniger Kraftstoff als der SLK 320. Im Gegensatz zum Vorgängermotor M 112 drehten sich auf jeder Zylinderbank zwei Nockenwellen, und in den Zylinderköpfen arbeiteten nun zwei Auslassventile pro Zylinder. Die Winkelstellungen aller vier Nockenwellen ließen sich kontinuierlich um jeweils 40 Grad verändern, um das Zusammenspiel der insgesamt 24 Ventile bedarfsgerecht je nach Motorlast zu steuern.

Besonders große Aufmerksamkeit widmeten die Motorenentwickler

Für den schnellen Ritt: 272 PS starker V6-Motor mit zwei Nockenwellen pro Zylinderbank im SLK 350

Der neue V6-Motor M 272 wartete mit einer Menge Neuerungen auf

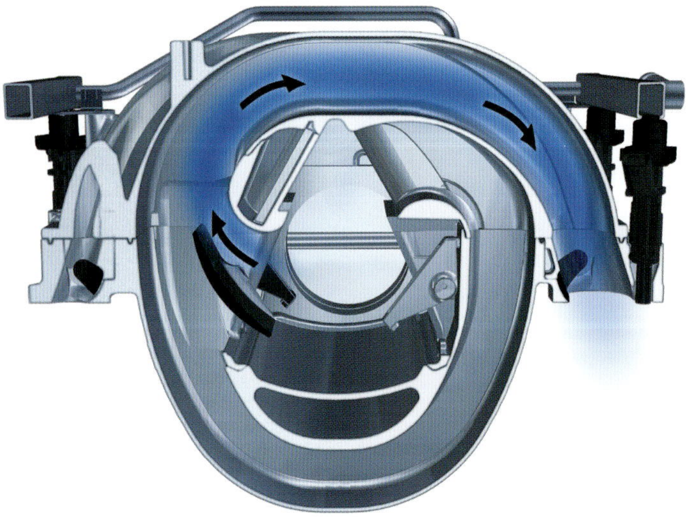

Klappe auf: kurzer Weg, hohe Leistung

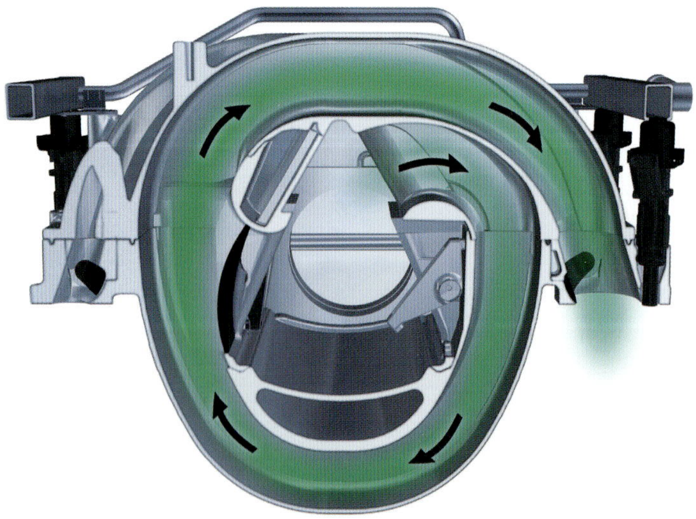

Klappe zu: langer Weg, hohes Drehmoment

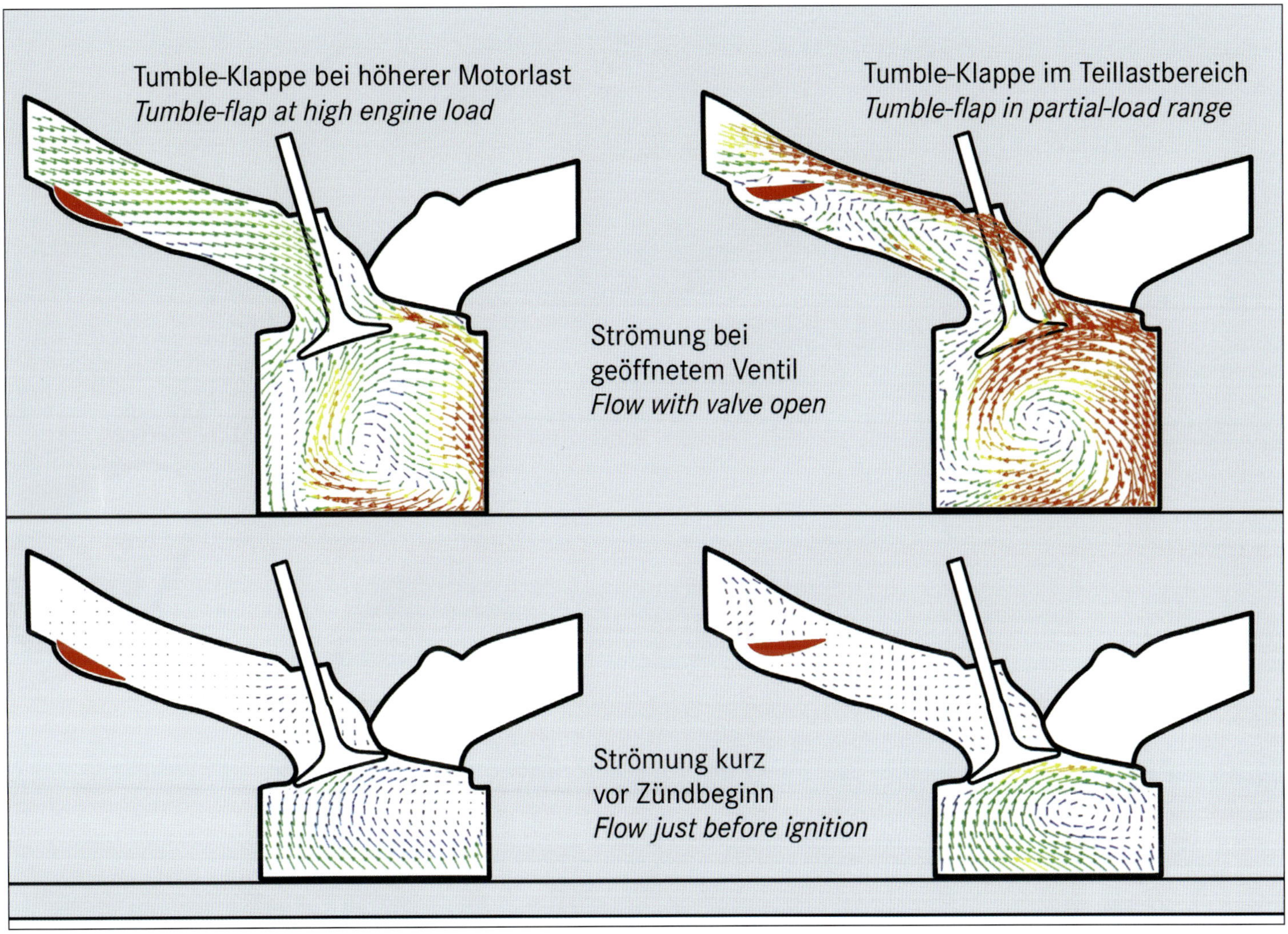

Kontrolliertes Hindernis als grafische Darstellung: Die elektropneumatisch angetriebenen Klappen sorgten für turbulente Strömungen des Brennstoffs, was dessen Geschwindigkeit erhöhte und damit den Verbrauch senkte

der Beatmung des Motors. So ließ sich die Länge der Ansaugrohre mit Hilfe von Klappen verändern: Ab Drehzahlen von 3500/min aufwärts waren die Klappen geöffnet und ließen die Luft auf kurzem Weg zugunsten hoher Leistung in die Brennräume strömen. Bei niedrigeren Drehzahlen waren die Klappen geschlossen, die Luft musste einen Umweg machen, die Länge des Saugrohrs vergrößerte sich also. Die dadurch entstehenden Druckwellen unterstützten den Ansaugvorgang und erhöhten das Drehmoment bei niedrigen Drehzahlen: Schon ab 1500/min standen 305 Newtonmeter und damit über 85 Prozent des maximalen Drehmoments zur Verfügung. Doch damit nicht genug: Am Ende eines jeden Einlasskanals befanden sich elektropneumatisch angetriebene Klappen. Bei höherer Motorlast waren sie vollständig im Saugrohr versenkt, aber im Teillastbereich schwenkten die Klappen auf. Diese sogenannten „Tumble-Klappen“ (engl.: to tumble = taumeln) steigerten die Turbulenz der Strömung, die dadurch mit höherer Geschwindigkeit in die Brennräume gelangte und sich so gleichmäßiger verteilen musste. Dies sorgte für eine vollständigere Verbrennung, und die bessere Verbrennung ging mit einer Verbrauchsersparnis einher – je nach Drehzahl um bis zu 0,2 Liter auf 100 Kilometer.

Licht ins Dunkel: Neue Projektionsscheinwerfer hatten die bisherigen Reflexionsscheinwerfer abgelöst

D
S OA 3477

Getriebe – von fünf bis sieben Gängen

Der SLK 200 Kompressor und der SLK 350 waren serienmäßig mit einem Sechsgang-Schaltgetriebe ausgerüstet. Dieses Getriebe unterschied sich in zwei Punkten vom Vorgänger: Zum einen wurden die Bewegungen des Schalthebels in der Längs- oder Querrichtung nicht mehr getrennt an das Getriebe übertragen, sondern nur noch durch eine einzige Schaltstange. Durch den Entfall der nicht mehr nötigen Umlenkungen ließ sich das Getriebe nun knackiger, schneller und präziser schalten. Und zum anderen lag der Rückwärtsgang nicht mehr wie bisher links hinten, sondern links vorn.

Für den SLK 350 war als Sonderausstattung für 2169 Euro das damals weltweit erste Siebengang-Automatikgetriebe 7G-TRONIC lieferbar, beim SLK 55 AMG gehörte es zur Serienausstattung. Die höhere Anzahl der Gänge erlaubte eine größere Gesamtspreizung, bei der die Drehzahlsprünge zwischen den einzelnen Gängen kleiner ausfielen als beim Fünfgang-Automatikgetriebe, das nach wie vor als Sonderausstattung für den SLK 200 Kompressor im Angebot war. Wollte der Fahrer spontan beschleunigen, schaltete die 7G-TRONIC die Gänge nicht mehr einzeln nacheinander herunter, sondern konnte bis zu vier Gänge gleichzeitig nehmen, was die Schaltzeiten erheblich verkürzte. Für beide Automatikvarianten stand die Sonderausstattung „Schalttasten im Lenkrad" zur Verfügung.

AIRSCARF – ein Schal aus warmer Luft

Mit der neuen Sonderausstattung AIRSCARF rückte Mercedes-Benz den SLK ein ganzes Stück weiter in Richtung „Roadster für 365 Tage im Jahr", die Zusatzausgabe von 458 Euro war wirklich lohnenswert. Hinter AIRSCARF, was übersetzt Luftschal heißt, verbarg sich

Neues Automatikgetriebe 7G-TRONIC: konnte bis zu vier Gänge gleichzeitig herunterschalten – gut für die Beschleunigung

AIRSCARF: Aufgeheizte Luft strömte im Kanal nach oben

nämlich eine neuartige Kopfraumheizung für Fahrer und Beifahrer. Nach Tastendruck an der Mittelkonsole strömte binnen Sekunden warme Luft aus Öffnungen in den Kopfstützen und erwärmte Nacken, Hals und Kopf der Insassen. Die eigentlichen Heizelemente waren sehr kompakt und fanden in den Rückenlehnen der Sitze Platz. Die dort aufgeheizte Luft wurde mit einem Gebläse durch einen Kunststoffkanal nach oben geführt. AIRSCARF war mit einer Dreistufen-Schaltung und einem Steuergerät ausgestattet, das mit dem Tachometer und Thermometern für Innen- und Außentemperatur in Kontakt stand. Das System startete in der höchsten Stufe und regelte die Drehzahl des Gebläses anschließend je nach Fahrtempo und Außentemperatur ein. Diese Steuerung auf Basis gespeicherter Kennlinien funktionierte bis 120 km/h, darüber arbeitete das System mit einer konstanten Einstellung. Unabhängig davon ließ sich das System aber auch manuell in drei Stufen steuern. AIRSCARF funktionierte nicht nur beim Offenfahren bei kühleren Temperaturen gut, sondern brachte auch schnell ein wohliges Gefühl nach dem Einsteigen in das kalte Auto.

Variodach – mehr Kofferraum und schnellere Betätigung

Ähnlich wie beim großen Bruder SL konnte sich die Heckscheibe zum Einlegen in den Kofferraum nun nach vorn drehen statt wie bisher nach hinten geklappt zu werden. So konnte sich die Scheibe nach dem Öffnen in die gewölbte Fläche der Dachschale schmiegen, und das brachte bei geöffnetem Dach mehr Platz im Kofferraum.

Alles warme Luft? Und ob – und nicht nur an kalten Tagen sehr angenehm

Mehr Platz: dank eindrehbarer Heckscheibe nun 208 statt 145 Liter Kofferraumvolumen

Alles in Bewegung: Die Heckscheibe drehte sich nun nach vorn und konnte sich so in die gewölbte Fläche der Dachschale einpassen

Standen beim Vorgänger noch 145 Liter zur Verfügung, waren es bei der Baureihe R 171 nun 208 Liter – stattliche 43 Prozent mehr. Noch dazu öffnete oder schloss sich das Dach drei Sekunden schneller als vorher, nämlich in nun 22 Sekunden. Und wie beim SL ließen sich die hinteren Seitenscheiben auch bei geschlossenem Dach versenken.

Neue Leuchten – Modernes vorn und hinten

In den Frontscheinwerfern lösten neu entwickelte Projektionsscheinwerfer die bisherigen Reflexionsscheinwerfer ab. Serienmäßig sorgten H7-Halogenlampen hinter den Kunststoffstreuscheiben für das Abblendlicht. Die Projektionstechnik bot eine breitere und gleichmäßigere Ausleuchtung der Fahrbahn sowie eine größere Reichweite des Abblendlichts.

Bei den gegen einen Aufpreis von 957 Euro lieferbaren Bi-Xenon-Scheinwerfern war die Lichtausbeute noch größer. Zur Unterscheidung gegenüber den „normalen" Halogen-Scheinwerfern waren die Chromblenden des Lichtmoduls teilweise transparent. Bei Bestellung der Bi-Xenon-Scheinwerfer erhielt der SLK Fahrer gleichzeitig eine weitere Funktion der serienmäßigen Nebelscheinwerfer: das Abbiegelicht. Wenn der Fahrer bei eingeschaltetem Licht bis zu einer Geschwindigkeit von 40 km/h den Blinker betätigte oder das Lenkrad einschlug, leuchtete das Abbiegelicht den Bereich seitlich vor dem Fahrzeug zirka 30 Meter weit aus. So wurden Fußgänger und Radfahrer neben dem Fahrzeug auch bei Dunkelheit deutlich erkennbar. Und der eigenen Orientierung half es ebenfalls.
Für Erhellung von Brems- und Schlusslicht in den Rückleuchten sorgten insgesamt 32 Leuchtdioden, ihr Lichtfeld reichte über die gesamte Breite der Rückleuchten.

Futuristisch: Bi-Xenon-Licht mit geschlitzter Chromblende des Lichtmoduls

Moderne Zeiten: Rückleuchten mit 32 Leuchtdioden für Brems- und Schlusslicht

Ohne Abbiegelicht: links geblinkt, links dunkel

Links geblinkt, links ausgeleuchtet: Das Abbiegelicht machte auch den Fußgänger gut erkennbar

Prima Klima – drei Systeme zur Auswahl

Heizmatik hieß das System, mit dem der SLK serienmäßig ausgestattet war. Sensoren überwachten permanent, ob die Innenraumtemperatur den Einstellungen von Fahrer und Beifahrer entsprach. Die Drehzahl des Gebläses ließ sich in zehn Stufen einstellen, die Luftverteilung regeln, außerdem gab es eine Entfroster-Funktion für die Frontscheibe, eine Umluft- und eine Restwärmeschaltung. Wurde der Umlufttaster betätigt, schlossen sich automatisch die Scheiben. Ein Innenraumfilter hielt Staub- oder Dieselpartikel und Pollen bis zu einer Größe von minimal fünf Mikrometern zurück. Die THERMATIC gehörte beim SLK 350 und SLK 55 AMG zur Serienausstattung und beinhaltete zusätzlich ein Kühlaggregat. Dieses

Kühlung gegen Aufpreis: THERMATIC. Aber Serie beim SLK 350 und SLK 55 AMG

Das Optimum: Die THERMOTRONIC war eine intelligente Klimaanlage

Für sportliche Fahrer: Auf Wunsch konnte das Lenkrad zur manuellen Steuerung des Automatikgetriebes mit Schalttasten ausgestattet werden

war auch bei niedrigen Außentemperaturen immer aktiv, um die einströmende Luft je nach Feuchtigkeitsgehalt zuerst abzukühlen und dabei für beschlagfreie Scheiben zu trocknen. Anschließend wurde die Luft wieder auf die gewünschte Temperatur erwärmt.

Das Beste, was der SLK an Klimatisierung zu bieten hatte, hieß THERMOTRONIC und kostete 2001 Euro Aufpreis. Nach Druck auf die „Auto"-Taste wurden Luftfeuchtigkeit, Außentemperatur und Schadstoffgehalt der Luft gemessen. Stiegen der Gehalt an Kohlenmonoxid und Stickoxid plötzlich an, zum Beispiel bei einem Stau im Tunnel, wurde die Umluftklappe automatisch geschlossen, und die verunreinigte Luft blieb draußen. Ein Sensor hinter der Frontscheibe registrierte Einfallswinkel und Intensität der Sonneneinstrahlung. Das System erkannte, auf welchen der beiden Sitzplätze die Sonne besonders intensiv schien und konnte so die Temperaturregelung und die Gebläseleistung in diesem Bereich individuell anpassen. Zusätzlich enthielt die THERMOTRONIC noch einen kombinierten Staub- und Aktivkohlefilter, der außer Partikel auch noch Gerüche filtern konnte.

Ausstattung – Neues in Serie oder gegen Aufpreis

Im neuen SLK fanden sich einige praktische neue Serienausstattungen: Der Heckdeckel ließ sich über die Fernbedienung entriegeln, in Stellung „Auto" des Lichtschalters aktivierte sich das Fahrlicht automatisch bei Dunkelheit, der Tank fasste jetzt 70 statt der bisherigen 60 Liter, und in der Dachbedieneinheit konnten sich Fahrer oder Beifahrer ein eigenes Leselicht anschalten. Der SLK 200 Kompressor rollte nun auf 16- statt auf 15-Zoll-Rädern.

Gegen Aufpreis konnte man das Dach nun publikumswirksam über die Fernbedienung im Schlüssel öffnen oder schließen, ohne dabei im Auto zu sitzen. Weiterhin im Angebot: die Einparkhilfe PARKTRONIC, ein beheizbares Lenkrad, eine Parameterlenkung (hier entfaltet die Servolenkung nur bei geringen Geschwindigkeiten wie zum Beispiel beim Rangieren ihre volle Wirkung), ein Sportfahrwerk samt Tieferlegung oder eine Reifendruck-Verlustwarnung. Und ein Regensensor, der die Scheibenwischer bedarfsgerecht und nicht mehr in festen Intervallen steuerte.

Diese Scheibenwischer waren als sogenannte „Aero-Wischer" ausgeführt, ein einteiliges Gummiprofil mit integriertem Spoiler, an dem der Fahrtwind für zusätzlichen Anpressdruck der Wischer sorgte.

Audiosysteme – Varianten für jeden Geldbeutel

Wer damals im SLK Musik hören wollte, musste eine Sonderausstattung bestellen. Im Angebot waren drei Radio- und Kommunikationssysteme. Audio 20 CD bot für 754 Euro ein Radio mit einem Empfangsteil für UKW, Mittel- und Langwelle samt CD-Laufwerk. Der Vierkanal-Verstärker leistete vier Mal 25 Watt, angesteuert wurden neun Lautsprecher: drei in jeder Tür, ein Centerfill-Lautsprecher oben in der Instrumententafel und zwei Hecklautsprecher. Für 2140 Euro gab es Audio 50 APS mit einem Doppeltuner, um automatisch den stets jeweils besseren Empfang der beiden zu hören und einem CD-Laufwerk, das auch als Datenträger für das Pfeil-Na-

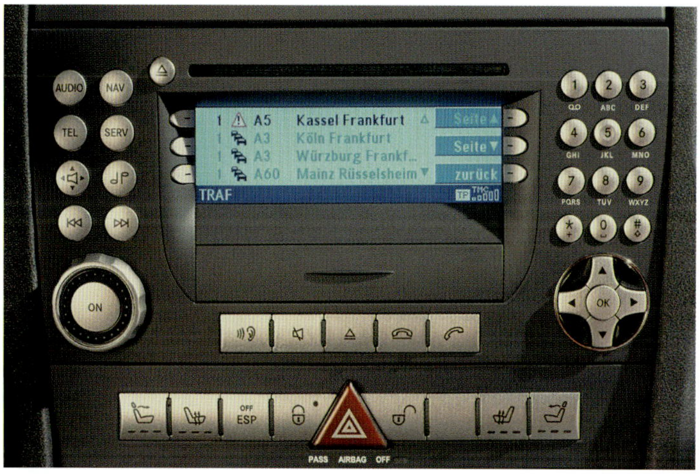

Mittelklasse: Audio 50 APS mit Doppeltuner

Die ganz große Lösung: COMAND APS

vigationssystem mit dynamischer Zielführung diente. Die Anzeige erfolgte auf einem 4,9-Zoll-Farbdisplay.
Bereits aus der Oberklasse von Mercedes-Benz bekannt, war das COMAND APS nun auch im SLK erhältlich (3236 Euro). Mit dem DVD-Laufwerk konnten Videos, Audio- und MP3-CDs abgespielt werden. Auf einem 6,5 Zoll großen Farbbildschirm war die Navigationskarte sichtbar, und dank seines 16:9-Bildformats war er sogar spielfilmtauglich.
Wer weitere 754 Euro zusätzlich zu seinem Audio 50 APS oder COMAND APS investierte, erhielt ein leistungsstarkes Surround-Soundsystem von harman/kardon, das exakt auf die akustischen Verhältnisse im SLK abgestimmt war. Ein Mikrofon im Innenraum erkannte die jeweilige Geräuschsituation, um, auch bei geöffnetem Dach, Lautstärke und Klang anzupassen. Stereosignale wurden in Surround-Signale umgewandelt, und für den Raumklang-Effekt sorgten zwei zusätzliche Lautsprecher oberhalb des Ablagefachs an der Rückwand.
Wer wollte, konnte sich noch einen CD-Wechsler (458 Euro) für das Handschuhfach bestellen, das auch für diesen Zweck um rund 30 Prozent gegenüber dem Vorgängermodell gewachsen war. Da der Wechsler aber nur die enthaltenen CDs und nicht etwa den Besitzer wechseln sollte, war der Deckel des Handschuhfachs, ebenso wie der Deckel des Fachs unter der Armauflage, mit der Zentralverriegelung abschließbar.

Karosserie – steifer und sicherer

Betrug der Anteil an hochfesten Stahllegierungen beim Vorgänger noch 32 Prozent, war er bei der Baureihe R 171 auf 42 Prozent gewachsen – eine der Ursachen, warum sich die Biege- und Torsions-

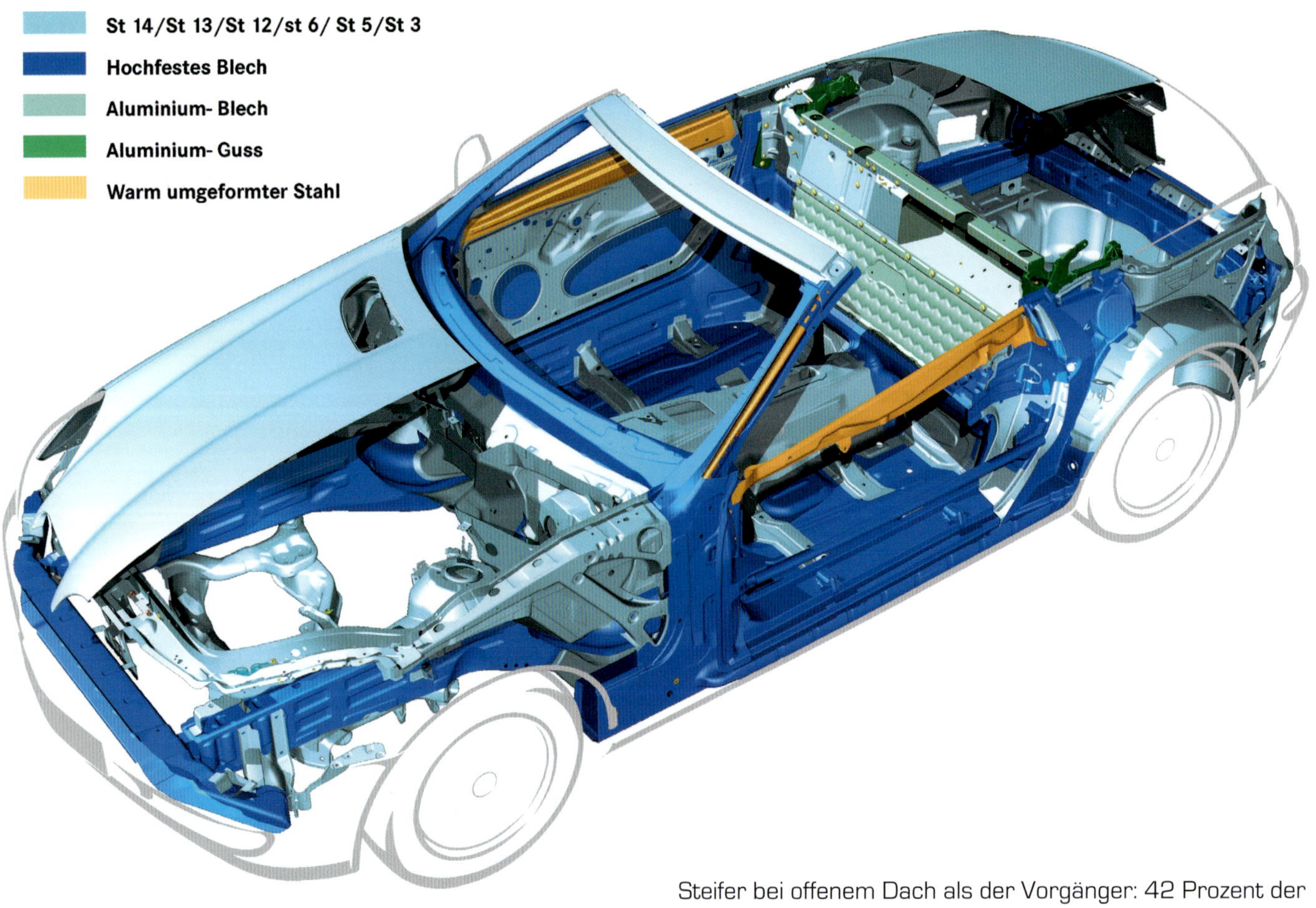

Steifer bei offenem Dach als der Vorgänger: 42 Prozent der Karosserie bestanden aus hochfesten Stahllegierungen

Gute Führung: Für die korrekte Dosierung des Gurtkraftbegrenzers war die Gurtführung an den Sitzen montiert

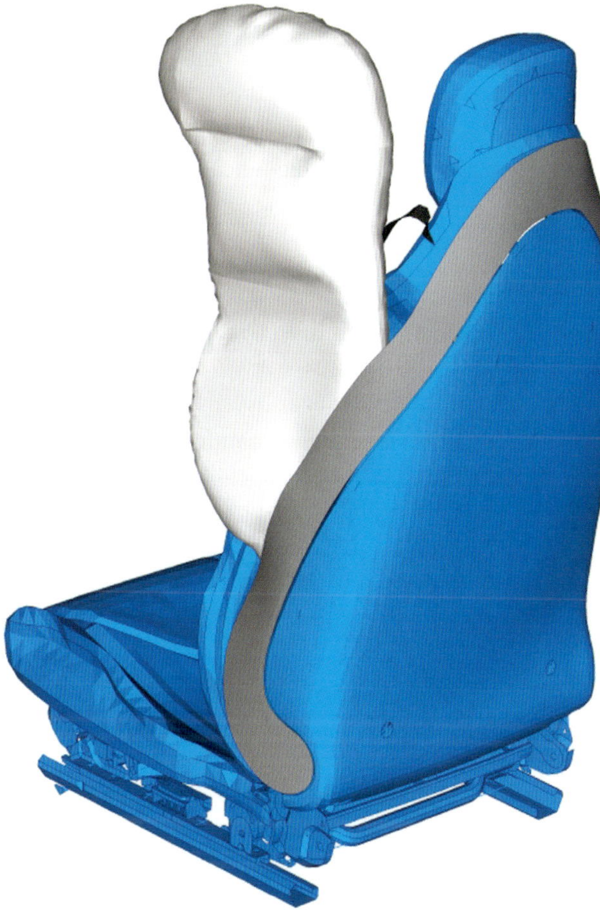

Neuer Head/Thorax-Airbag: schützte bei einem Seitenaufprall Kopf und Brustkorb der Insassen

steifigkeit bei geöffnetem Variodach deutlich erhöht hatte. Weitere Stabilität brachten zusätzliche Versteifungsbleche, neue Querträger, Diagonalstreben und die mehrteilige Aufbauweise einiger Komponenten des Rohbaus.

Die Verstärkungsrohre der A-Säulen waren nun in einer ovalen Form ausgeführt, der hochfeste Stahl wurde im Stahlwerk bereits in glühendem Zustand geformt. Diese Fertigungsweise brachte mehr Festigkeit und die ovale Form mehr Rundumsicht.

Für den Langzeit-Korrosionsschutz sorgte eine Vollverzinkung der Karosserie, und dank der Unterbodenverkleidung aus Kunststoff konnte der PVC-Unterbodenschutz entfallen.

Die Rückhaltesysteme des SLK der zweiten Generation wurden weiter optimiert. Die Front-Airbags von Fahrer und Beifahrer arbeiteten zweistufig: Bei einem leichten Frontalaufprall zündete nur die erste Stufe, sodass sich der Luftsack sanfter füllte. Erkannte das Steuergerät einen schweren Frontalaufprall, zündete 5 bis 15 Millisekunden später die zweite Stufe des Gasgenerators und füllte sich so mit einem der Unfallschwere angepassten höheren Druck. Da auf der Beifahrerseite manchmal auch Kinder sitzen konnten, erfolgte der Druckanstieg auf dieser Seite sanfter. Bei einer hohen Aufprallbelastung reduzierte sich außerdem nach einer kurzen Zeitspanne die Rückhaltekraft des Gurtkraftbegrenzers, der Sicherheitsgurt wurde dadurch weiter herausgezogen und der Insasse konnte tiefer in den Airbag eintauchen. Für die korrekte Dosierung war daher die Gurtführung nun direkt an den Sitzen von Fahrer und Beifahrer montiert.

Zur Serienausstattung gehörten nun auch neu entwickelte Luftpolster in der Sitzlehne, so genannte Head/Thorax-Bags. Versteckt seitlich in den Lehnen, blies sich der Head/Thorax-Bag bei einem

Seitenaufprall innerhalb von 30 Millisekunden zu einem asymmetrisch geformten Luftsack auf, dessen Oberkante weit nach oben ragte. So wurde das Risiko des seitlichen Kopfaufpralls gemindert. Auch im mittleren Bereich konnte der Luftsack seine Schutzwirkung zeigen, denn hier schob er sich zwischen Tür und Insassen und deckte damit auch den Brustkorb ab.

Das Fahrwerk – Dreilenkerachse und Zahnstangenlenkung

In punkto Vorderachse und Lenkung trat die neue Baureihe gegenüber dem Vorgängermodell komplett umkonstruiert auf, denn anstelle der bisherigen Doppelquerlenker-Vorderachse mit Kugelumlauflenkung war nun eine Dreilenkerachse mit McPherson-Federbeinen (die Feder war also über den Stoßdämpfer gestülpt) und Zahnstangenlenkung montiert. Für Nicht-Techniker hier kurz die Vorteile der neuen Achstechnik: präzisere Radführung, bessere Kompensation von Schwingungen zum Beispiel durch Radunwucht oder Bremskraftschwankungen und größere Verformungswege bei einem Frontalaufprall. Für die Zahnstangenlenkung sprach ein direkteres Ansprechverhalten, konstruktionsbedingt ein untersteuerndes und daher sichereres Fahrverhalten und keine Beeinflussung der Energieaufnahme bei einem Frontalaufprall mehr. Außerdem brachte die Zahnstangenlenkung Gewichtsvorteile, weil sie weniger Bauteile als eine Kugelumlauflenkung benötigte.

Während beim kräftigsten Serienmodell des Vorgängers, dem 160 kW (218 PS) starken SLK 320, noch massive Scheiben mit 300 Millimeter Durchmesser in die Bremszangen genommen wurden, maßen die Scheiben des 200 kW (272 PS) starken SLK 350 im Durchmesser 330 Millimeter und waren gelocht. Die Löcher dienten dazu, Schmutz und Nässe abzuleiten.

Sportliche SLK Fahrer konnten als Sonderausstattung ein Sportfahrwerk ordern. Hier war die Karosserie an Vorder- und Hinterachse um jeweils zehn Millimeter tiefergelegt, und der Federweg fiel um

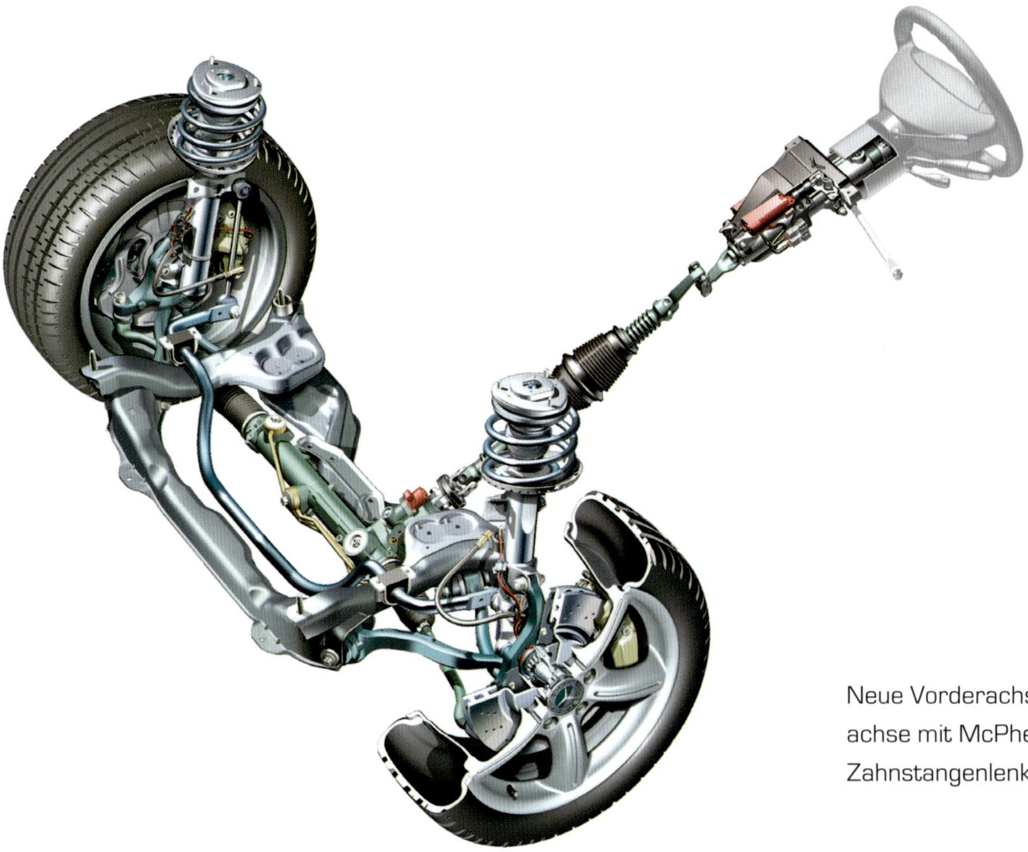

Neue Vorderachse und Lenkung: Dreilenkerachse mit McPherson-Federbeinen und Zahnstangenlenkung

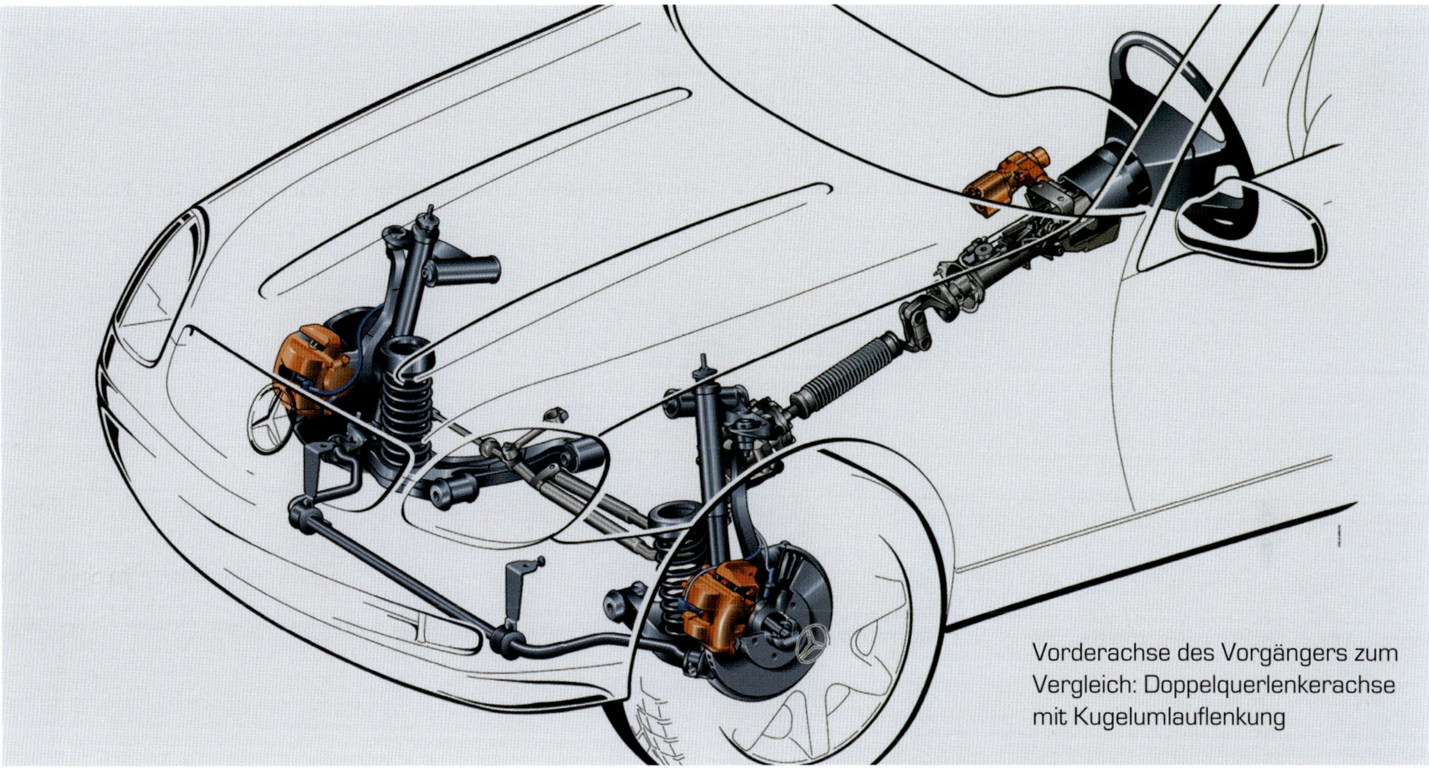

Vorderachse des Vorgängers zum Vergleich: Doppelquerlenkerachse mit Kugelumlauflenkung

jeweils zehn Millimeter kürzer aus, sprich: Solch ein SLK 200 oder SLK 350 war härter.

Für messfaule SLK Fahrer war die Sonderausstattung „Reifendruck-Verlustwarnung" für 64 Euro im Angebot. Diese Vorrichtung maß nicht den tatsächlichen Reifenluftdruck, sondern erkannte über die ESP-Sensorik lediglich auffällige Abweichungen. Wurde ein Druckverlust in einem Reifen erkannt, erschien im Cockpit der rote Warnhinweis „Reifendruck, Reifen überprüfen".

SLK 55 AMG – mehr ging nicht in dieser Klasse

Einen 5,5-Liter-V8-Motor, den hatte seinerzeit keiner der Wettbewerber zu bieten. 265 kW (360 PS), ein maximales Drehmoment von 510 Newtonmetern, eine Beschleunigung von null auf 100 in 4,9 Sekunden – dies waren Werte, die eines Sportwagens wirklich würdig waren. Wer 63.974 Euro investierte, erhielt durch 18-Zoll-Leichtmetallräder, AMG Styling, Längsfinnen auf der Motorhaube, Auspuffanlage mit zwei Doppelendrohren und abgedunkelte Heckleuchten ein besonders sportliches Erscheinungsbild. Im Preis enthalten war ebenfalls das Siebengang-Automatikgetriebe mit AMG

Viererbande: Was wie ein Sportwagen fährt, muss sich auch so anhören

Stark schon im Stand: Der SLK 55 AMG beschleunigte von null auf 100 in 4,9 Sekunden

SPEEDSHIFT. Dies schaltete, wie der Name schon suggerierte, nochmals schneller als die 7G-TRONIC der Serie. Im manuellen Modus bei Volllast und Kickdown zum Beispiel schaltete das Getriebe nicht wie bei der Serien-Automatik automatisch herunter und beim Erreichen der Drehzahlgrenze auch nicht automatisch hoch – der Fahrer hatte also den gewählten Gang stets unter Kontrolle. Sitze, Türmittelfelder und die Armauflage waren mit Nappaleder bezogen, das in vier Farben zur Auswahl stand. Die AMG Sportsitze boten mit deutlich ausgeprägten Seitenwangen besseren Seitenhalt, Alcantara-Einsätze im Schulterbereich besseren Grip im Sitz in schnell gefahrenen Kurven.

Und kleine Jungs, die sich an den Seitenscheiben die Nase plattdrückten, konnten staunend feststellen, dass die Tachoskala erst bei 320 km/h endete.

Da staunt der Betrachter: Tacho bis 320 km/h

Edel mit Nappa: Für die Belederung der AMG Sportsitze, der Türmittelfelder und der Armauflagen standen vier Farben zur Auswahl

Hier lauert das Tier im Dunkeln: 360 PS standen bereit

In der Zange: innenbelüftete, üppig dimensionierte Bremsscheiben mit 340 Millimeter Durchmesser

Seitenblick: SLK 55 AMG als Safety Car in der Formel 1

Unmittelbar nach seiner Weltpremiere auf dem Automobilsalon in Genf eröffnete der Mercedes-Benz SLK 55 AMG als offizielles Formel 1 Safety Car in Melbourne (Australien) die Rennserie 2004. Kleine Rennsport-Kunde: Ein Safety Car hat die Aufgabe, das Feld der Rennwagen nach Unfällen oder bei sehr schlechten Wetterbedingungen sicher aus der Situation zu führen. Zu führen ist dabei wörtlich zu nehmen, denn es muss sich an die Spitze des Feldes setzen und ziemlich schnell vor den Formel-1-Rennwagen herfahren. Ziemlich schnell deshalb, weil zu niedrige Geschwindigkeiten den sensiblen Hightech-Motoren der Rennwagen Probleme bereiten könnten, da sie zu wenig Kühlluft erhalten. Gleichzeitig bestünde die Gefahr, dass die Reifen zu stark abkühlen und dadurch Haftung verlieren. Seit 1996 stellte Mercedes-Benz mit AMG Modellen die Safety Cars. 1996 war es der C 36 AMG, ab 1997 der CLK 55 AMG, ab 2000 der CL 55 AMG, ab 2001 der SL 55 AMG und ab 2003 der CLK 55 AMG. Und nun also der SLK 55 AMG.

Für den Einsatz auf den Rennstrecken dieser Welt waren einige Modifikationen notwendig. Für bestmögliche Haftung kamen Reifen des stattlichen Formates 235/35 R 19 vorn und 265/30 R 19 hinten zum Einsatz. Das Fahrwerk erhielt eine straffere Abstimmung, und die Bremsanlage wurde vergrößert. Durch die für diesen Einsatzzweck nötige Ausrüstung kam zunächst einmal Mehrgewicht an Bord: Lichtanlage auf dem Dach (grün bedeutet überholen, orange heißt Überholverbot), Funkanlage, TV-Monitor, innen und außen montierte Kameras, die größeren Räder und Bremsen und zusätzliche Kühlvorrichtungen.

Da Gewicht auf der Rennstrecke aber sehr hinderlich ist, mussten an anderer Stelle wieder Pfunde herunter. So bestand die Motorhaube statt aus Stahl nun aus Leichtmetall, Front- und Heckschürze aus CFK, und da das Dach dieses SLK ohnehin immer geschlossen blieb, konnte man getrost auch auf die Mechanik und Hydraulik des Variodachs verzichten. Diese und noch einige andere Maßnahmen sorgten schließlich dafür, der für die Formel 1 ausgestattete SLK knapp 100 Kilogramm weniger als ein serienmäßiger SLK 55 AMG wog.

Auch im folgenden Jahr hatte der SLK 55 AMG noch seinen offiziellen Auftrag als Safety Car. Um der Chronistenpflicht Genüge zu tun: In der Formel-1-Weltmeisterschaft 2004 belegten die ersten drei Plätze Michael Schumacher (Ferrari), der damit seinen sechsten und letzten WM-Titel holte, Rubens Barrichello (Honda) und Jenson Button (Renault), bester Fahrer eines McLaren-Mercedes war Kimi Räikkönen auf Platz sieben. In der Saison 2005 sah es für Mercedes schon besser aus: Erster wurde Fernando Alonso (Renault), zweiter Kimi Räikkönen, dritter Michael Schumacher.

Schnell genug für die Rennstrecke: Der SLK 55 AMG wog als Safety Car knapp 100 Kilogramm weniger als sein Straßenpendant – auch, weil die Funktionalität des Variodachs fehlte

In übertragenem Sinn auch ein Safety Car: In einem SLK konnte man sich immer sicher fühlen

Mercedes-Benz – eine Marke von DaimlerChrysler
S OA 3701
10
Wecker aus.
9
Aufstehen.
8
Duschen.
7
Espresso.
6
Orangens

S&J 041.0042 SLK
1
Zündung.
2
Dach auf.
3
Haustür leise zuziehen.
4
Zweiter Espresso.
Anziehen.
Perfekte Planung: So darf ein Tag beginnen
www.mercedes-benz.de

Der SLK von 2005 bis 2007

Baureihe R 171

Der SLK von 2005 bis 2007

Baureihe R 171

2005: Vision SLK 320 CDI, neuer SLK 280

Zum 70jährigen Jubiläum des Diesel-Personenwagens präsentierten sich im März 2005 auf dem Genfer Automobilsalon gleich sieben Modelle aller möglichen Fahrzeug-Klassen mit einem Selbstzündermotor, um einen Einblick in die aktuelle und zukünftige Dieseltechnik zu geben. Eines davon war der SLK 320 CDI Triturbo, sportlich verpackt im Outfit des SLK 55 AMG. Zwei kleinere Turbolader waren außen an den Zylinderbänken platziert, der dritte, große, im Zylinder-V. Die Hauptarbeit bei niedrigen Drehzahlen und kleinen Lasten übernahmen die kleinen Lader, bei großer Last und höheren Drehzahlen lief nur noch der große Lader. Diese zweistufige Turbo-Aufladung verhalf dem Dreiliter-V6-Dieselmotor zu 210 kW (286 PS) und einem maximalen Drehmoment von 630 Newtonmetern. Den Spurt von 0 auf 100 km/h schaffte er in 5,3 Sekunden. Eine Serienproduktion dieses Autos erfolgte jedoch nie. Erst 2011 spielte der Dieselmotor im SLK wieder eine Rolle, denn in diesem Jahr ging der SLK 250 CDI in Serie, doch dazu später mehr.

Im Juli 2005 füllte der neue SLK 280 mit einem Basispreis von 39.382 Euro die Lücke zwischen dem SLK 200 und dem SLK 350. Der V6-Motor des SLK 350 war für den SLK 280 in Bohrung und Hub auf 2996 cm³ verringert und leistete 170 kW (231 PS). Von Hand geschaltet, erledigte er den Spurt von 0 auf 100 km/h in 6,3 Sekunden, sein Verbrauch nach NEFZ kombiniert lag bei 9,3 Litern auf 100 Kilometer.

Eine Vision des Jahres 2005: ein SLK mit Dieselmotor. Erst im Jahr 2011 wurde sie Wirklichkeit

So hätte es aussehen können: drei Turbolader, 286 PS

Ebenfalls ab Mitte 2005 erhielt der SLK 350 ein neues Hinterachsgetriebe, das höhere Motormomente übertragen konnte. Die bisherigen Tempomat- und SPEEDTRONIC-Funktionen wurden bei allen Modellen der Baureihe 171 um einen automatischen Bremseingriff erweitert, worüber der SLK 350 bereits von Anfang an verfügte.

Die Bedienlogik der Klimaanlage wurde geändert: Mit dem ersten Tastendruck wurde die Klimaanlage an- und mit dem nächsten Tastendruck wieder abgeschaltet. Dementsprechend änderte sich die Tastenbeschriftung von „AC off“ auf „A/C“. Der als Sonderausstattung angebotene CD-Wechsler konnte fortan auch CDs abspielen, auf denen mp3-Dateien gespeichert waren, auch wma-Dateien waren jetzt abspielbar. Als neue Sonderausstattung war ein transparentes dreiteiliges Windschott im Angebot, außerdem zahlreiche Möglichkeiten, das Fahrzeug mit verschiedensten designo Farben, Ledern und Zierteilen zu veredeln. Und für die, die es ganz genau wissen wollen: Im Kombi-Instrument wurde das Ölkannensymbol mit einem anstelle zwei Tropfen angezeigt, und es gab eine zusätzliche Warnleuchte für die Reifendruckanzeige.

2006: SLK Asia Cup, SLK 55 AMG Black Series und Sportpaket

Anlässlich des Formel 1 Grand Prix in Malaysia Mitte März 2006 startete die „AMG Ultimate Experience Asia“ – eine exklusive Event-

Einer von 35: SLK Asia Cup mit zusätzlichen Kühlern in der Frontschürze

In Malaysia herrscht Linksverkehr: Rechtslenker mit nach hinten verlegtem Renntank

serie, die auf die Wünsche fernöstlicher Sportwagen-Enthusiasten ausgerichtet war. Ausgewählte Personen konnten am Steuer eines der 35 puristischen rechtsgelenkten SLK 55 AMG teilnehmen, die extra für diese Eventserie angefertigt worden waren.

Diese Fahrzeuge waren technisch eng an das Formel 1 Safety Car von 2004 und 2005 angelehnt und hatten keine Straßenzulassung. Diese kam allerdings im Juli 2006 mit dem 107.300 Euro teuren SLK 55 AMG Black Series. Auch dieses 294 kW (400 PS) starke Kraftpaket rollte auf 19-Zoll-Schmiederädern von AMG und verfügte über ein Gewinde-Sportfahrwerk und eine Hochleistungs-Bremsanlage. Der Innenraum verströmte mit seinen Schalensitzen ohne Seitenairbags, dem Sportlenkrad und dem Carbon an den Türverkleidungen reichlich Renn-Atmosphäre. Und: Auch hier war das Dach kein Variodach mehr, sondern ein festes Hardtop.

Ab Mitte 2006 war als Sonderausstattung der Innenhimmel auch in designo Alcantara in Anthrazit oder Alpakagrau für 1363 Euro wählbar. Ein Windschott gehörte nicht mehr zur Serienausstattung, sondern musste, wenn gewünscht, als Sonderausstattung in Stoff oder Plexiglas geordert werden. Neu im Angebot war das Getriebe 7G-TRONIC Sport für 2523 Euro, das über seine Schaltpaddels etwas kürzere Schaltzeiten im M-Modus ermöglichte. Durch Software-Änderungen des Getriebe-Steuergeräts waren die Automatik-Programme C, S und M deutlicher voneinander differenziert.

Die Unifarbe Calzitweiß ersetzte das bisherige Alabasterweiß. Bei den Metallicklacken ersetzte Thulitrot das Bernsteinrot und Periklasgrün das Andraditgrün. Außerdem gab es die neue Lederausstattung Nappa schwarz.

Für sportlich besonders ambitionierte SLK Fahrer fand sich seit dem 1. August 2006 ein Sportpaket in der Preisliste. Die ab 1148 Euro erhältliche Sonderausstattung umfasste eine Tieferlegung der Karosserie um zehn Millimeter sowie Leichtmetallräder im Sechs-Doppelspeichen-Design der Dimensionen 225/40 R 18 vorn und 245/35 R 18 hinten sowie eine 17-Zoll-Bremsanlage mit gelochten Bremsscheiben vorn. Die Scheinwerfer waren dunkel eingefasst, und den Kofferraumdeckel zierte eine AMG Spoilerkante. Innen setzte die Farbe Rot einige Akzente: rote Sicherheitsgurte, rote Ziernähte an den Türverkleidungen, Sitzen, Fußmatten, am Lederlenkrad und am Schaltknauf, auch die Zeiger in den Instrumenten waren rot. Dagegen war der Dachhimmel schwarz, außerdem bildete der Zierstab über dem Handschuhfach im Carbon-Design einen Kontrast.

Im Herbst 1996 feierte der SLK seinen zehnten Geburtstag. Von der zweiten Baureihe hatte Mercedes-Benz seit 2004 bis dahin auch schon wieder rund 150.000 Exemplare verkauft und belegte mit einem Marktanteil von durchschnittlich 30 Prozent in seinem Marktsegment den ersten Platz.

Rennsportfeeling: Innenraum des Black Series

SLK 55 AMG Black Series: Rennsporttechnik mit Straßenzulassung, 400 PS, Gewinde-Sportfahrwerk, Höchstleistungsbremsen – 107.300 Euro

Raten Sie mal: Wie viele Speichen sollte das Rad eines SLK-Sondermodells haben, das „Edition 10“ heißt?

Ein bisschen Bewegung tut gut: Sportpaket mit Tieferlegung der Karosserie um zehn Millimeter und Leichtmetallrädern im 6-Speichendesign

2007: AMG Performance Package, Sondermodelle „Edition 10" und „Sport Edition"

Das SLK Jahr 2007 begann sportlich, denn neu im Angebot war das Performance Package für den SLK 55 AMG. Für 5355 Euro enthielt es für noch mehr Rennstreckentauglichkeit Bremsscheiben mit 360 Millimeter Durchmesser an der Vorderachse, mehrteilige AMG 18-Zoll-Leichtmetallräder der Dimensionen 225/40 vorn und 245/35 hinten im Doppelspeichendesign, ein speziell abgestimmtes Fahrwerk, ein AMG Sportlenkrad in schwarz Alcantara-Leder und Carbon-Zierteile im Innenraum.

Das Sondermodell „Edition 10" hatte im Jubiläumsjahr 2006 auf dem Pariser Automobilsalon Premiere gefeiert und kam im Januar 2007 auf den Markt. Die auf 350 Stück limitierte Edition kostete als SLK 200 Kompressor 37.735 Euro, als SLK 280 42.911 Euro und als SLK 350 47.671 Euro. Dafür gab es unter anderem dunkelgrau hochglanzlackierte Zehn-Speichen-Leichtmetallfelgen in 17 Zoll mit Reifen der Größe 225/45 vorn und 245/40 hinten. Auf den Kotflügeln befanden sich gravierte Plaketten, die Rückleuchten waren wie beim SLK 55 AMG dunkel eingefärbt. Serienmäßig wurde das Sondermodell in Schwarz angeboten. Wer 2498 Euro investierte, erhielt den Aufsehen erregenden Mattlack „Allanitgrau magno". Ein kleines, aber feines Detail: Die mittleren Flächen in den Sitzpolstern und -lehnen waren mit silbernen Matten unterlegt, die die Perforation der Sitzflächen dezent sichtbar machten. Dieser Schwarz-Silber-Kontrast wurde durch die silberfarbigen Ziernähte der Sitze, die ebenfalls mit einer Plakette versehen waren, verstärkt. Sitzheizung und Fußmatten mit eingesticktem „Edition"-Logo gehörten ebenfalls zum erweiterten Umfang.

Noch mehr Sport: AMG Performance Package für gesteigerte Rennstreckentauglichkeit

Ab Mitte 2007 wurde ein neu gestalteter Zündschlüssel mit Chromrand Serie. Der Schalter für die Scheinwerferreinigungsanlage entfiel, da die Reinigung nun bei eingeschalteter Zündung und eingeschaltetem Licht nach jedem fünften Scheibenwaschvorgang automatisch aktiviert wurde. Im Tempomat-Betrieb wurde die programmierte Geschwindigkeit nun permanent im Kombi-Instrument angezeigt. In der Preisliste fand sich die neue Sonderausstattung „Vier-Wege-Lordosenverstellung für Fahrer und Beifahrer“ für 452 Euro, die mittels zweier elektrisch angesteuerter Luftblasen die Sitze an die rückwärtige Anatomie der Passagiere anpasste. Außerdem waren unter dem Namen „AMG Performance Studio“ die Bestandteile des AMG Performance Package nun auch einzeln für den SLK 55 AMG bestellbar. Ab Herbst 2007 wurde die „Sport Edition“ des SLK angeboten, die sich aus einer Kombination verschiedener Sonderausstattungen zusammensetzte: Sportpaket, AIRSCARF, Klimaanlage THERMATIC, Radio Audio 20 mit CD-Player und Sitzheizung. Die „Sport Edition“ kostete als SLK 200 Kompressor 39.508 Euro, als SLK 280 43.851 Euro und als SLK 350 48.730 Euro.

Besonders: rote Skalen und Zeiger der „Edition 10“

Der SLK ab 2008

Modellpflege Baureihe R 171

Der SLK ab 2008

Modellpflege Baureihe R 171

Seit der Einführung der zweiten Generation im März 2004 hatten bis Ende 2007 rund 185.000 SLK das Werk Bremen verlassen. Nun stand die nächste Modellpflege an. Der überarbeitete SLK war ab dem 21. Dezember 2007 bestellbar, die Markteinführung erfolgte im April 2008. Im Angebot waren weiterhin der SLK 200 Kompressor für 36.503 Euro, der SLK 280 für 41.858 Euro, der SLK 55 AMG für 69.050 Euro sowie der SLK 350 mit dem neuen Zusatz „Sportmotor“ für 46.975 Euro.

Design – und wieder einmal sportlicher

Für die Modellpflege der Baureihe R 171 hatten sich die Designer von Mercedes-Benz noch einmal mehr Sportlichkeit ins Lastenheft geschrieben. An der Front fiel der neu gestaltete Stoßfänger ins Auge, der statt einer großen Öffnung in der Mitte und einer kleinen Öffnung rechts und links davon nun durch zwei große Öffnungen seine Kühlluft erhielt. Die vertikalen Streben orientierten sich mehr zur Fahrzeugmitte

Neue Front: zwei große Lufteinlässe und zusammengerückte vertikale Streben in der Frontschürze, die die Pfeilung betonen

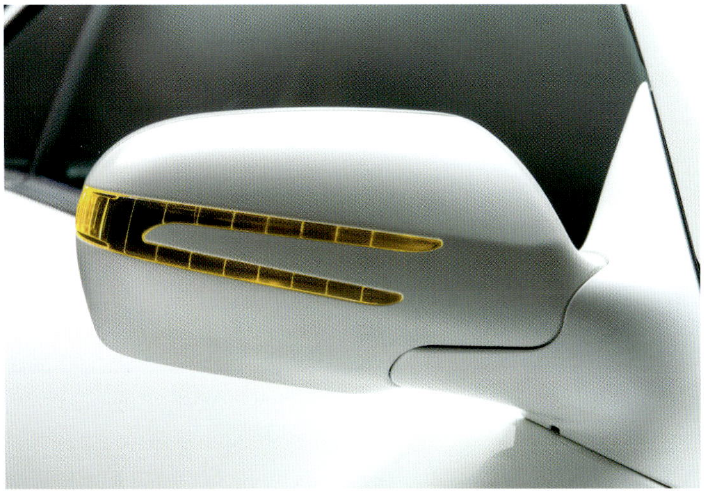

Gewachsen: größere Spiegel mit Blinkern in Pfeilform

hin und betonten zusammen mit dem um 14 Millimeter gewachsenen Überhang die stärkere Pfeilung der Front. Auch die Lüftungsgitter waren neu gestaltet, in ihnen waren die Nebelleuchten mit einem neuen, zusätzlichen Chromring angebracht. Der Bereich um den Stern auf der Motorhaube war schärfer konturiert, die Fase nun umlaufend und höher endend, was das Gesicht des SLK markanter aussehen ließ. Am Heck sorgten eine neue Diffusor-Optik unten an der Heckschürze, abgedunkelte Heckleuchten und trapezförmige Endrohrblenden für ein sportlicheres Erscheinungsbild.

Durch größere Außenspiegel war der modellgepflegte SLK 43 Millimeter breiter als sein Vorgänger, bot mehr Sicht nach hinten und durch die pfeilförmigen Blinker ein geändertes Nachtdesign. Die Heckantenne war gekürzt und musste für eine Waschstraßendurchfahrt nicht mehr abgenommen werden.

Zur Erinnerung: die Front des SLK von 2004

Neues Lenkrad: Dreispeichen-Wippen statt Knöpfen

Ganz neuer Anblick: Instrumentenringe in 3D

Trendfarbe Weiß: auch beim SLK begann sie zu wirken

Als neue Farben fanden sich im Lackfächer Palladiumsilber metallic und das exklusiv für den SLK angebotene Prehnitgrün metallic.
Im Innenraum präsentierte sich dem Fahrer ein neues Dreispeichen-Sportlenkrad und ein überarbeitetes Kombi-Instrument. Die Funktionen der acht Einzelknöpfe des Vorgänger-Lenkrads waren in zwei Wippschaltern rechts und links am Lenkrad zusammengefasst. Die Instrumentenringe zeigten sich in dreidimensionaler Ausprägung, die Zeiger in roter Färbung, die Uhr und Tankanzeige waren von Chrom umringt. Schalter und Drucktasten waren vorwiegend in Schwarz gehalten, die Schalter für die elektrischen Fensterheber arbeiteten nun mit einer Zug-/Druck-Funktionalität.
Die neue Lederfarbe Gullwingrot ersetzte Akzentrot, die Nappaleder-Ausstattung „Naturbeige" ersetzte Tobaccobraun, und die neuen Holzzierteile hießen Wurzelnuss hell und Esche schwarz.

Motoren – SLK 350 Sportmotor

Der Namenszusatz „Sportmotor“ des überarbeiteten SLK 350 war wörtlich zu nehmen: Seine Nennleistung von 224 kW (305 PS) erreichte er bei der Drehzahl von 6500/min, kurzfristig verkraftete er sogar 7200/min. Trotzdem war der Motor schon bei niedrigen Drehzahlen drehmomentstark, denn schon bei 2000/min lieferte er 350 Newtonmeter. Das maximale Drehmoment war um zehn auf 360 Newtonmeter bei 4900/min gewachsen. Den Spurt von null auf 100 km/h bewältigte der SLK 350 Sportmotor in 5,4 Sekunden, seine Höchstgeschwindigkeit war bei 250 km/h elektronisch abgeregelt. Trotz der höheren Leistung war der Verbrauch im Vergleich zum 24 kW (33 PS) schwächeren Vorgänger mit Schaltgetriebe um 1,1 Liter pro 100 Kilometer gesunken.

Der Sportmotor basierte auf dem bisherigen V6-Motor. Doch unter der Motorabdeckung mit dem großen roten „V“, das das neue Triebwerk kennzeichnete, verbargen sich eine ganze Menge Modifikationen. Die Verdichtung war von 1:10,7 auf 1:11,7 erhöht worden, die Ventiltaschen in den Kolben tiefer gefräst, die zylindrischen Ventilfedern gegen Kegelfedern getauscht – was wegen ihrer größeren Einbaulänge sogar einen neuen Zylinderkopfguss nötig machte. Die Rollenschlepphebel wurden verstärkt, und das Kettenrad war nicht exakt kreisrund, sondern hatte eine kaum merkliche dreieckige Form, was die Schwingungen im Kettenantrieb unterdrückte.

Da das bisher verwendete Klappensaugrohr keine optimale Füllung bei hohen Drehzahlen ermöglichte, wurde es durch ein einstufiges Kunststoff-Saugrohr ohne Klappen ersetzt. Um wiederum die prinzipiellen Nachteile eines einstufigen Saugrohres bei Drehzahlen unter

Drehfreudiges Triebwerk:
Seine Nennleistung erreichte der Sportmotor bei 6500/min

Hervorragende Fahrleistungen: Dank 306 PS schaffte der SLK 350 den Spurt von Null auf 100 in 5,4 Sekunden

4000/min zu vermeiden, wurde die Einbaulage der Nockenwellen um fünf Grad Kurbelwinkel nach früher verändert.

Ein geänderter Luftfilter sorgte für einen kräftigeren Motorsound. Bei Fahrzeugen mit Siebengang-Automatik gab die Motorsteuerung beim Zurückschalten automatisch Zwischengas, was sich nicht nur sportlich anhörte, sondern auch die Lastwechselreaktionen beim Gangwechsel verringerte.

Der Vierzylinder-Motor des SLK 200 Kompressor leistete dank eines modifizierten Motorsteuergeräts, eines dynamischeren Laders und geänderter Kolben nun 135 kW (184 PS) statt der bisherigen 120 kW (163 PS). Die Höchstgeschwindigkeit stieg von 228 auf 236 km/h, gleichzeitig sank der Verbrauch beim handgeschalteten SLK 200 Kompressor um einen ganzen Liter von 8,7 auf 7,7 Liter pro 100 Kilometer. Einen Teil zur Verbrauchsreduzierung steuerte auch die neue längere Achsübersetzung bei, die der SLK 350 Sportmotor ebenfalls erhalten hatte.

Der SLK 280 leistete nach wie vor 170 kW (231 PS), aber der Verbrauch sank um 0,4 Liter auf 9,3 Liter pro 100 Kilometer. Die Leistungsdaten des SLK 55 AMG blieben unverändert.

Direktlenkung – variable Lenkübersetzung

Die Sonderausstattung Parameterlenkung war beim SLK ja schon seit Einführung der Baureihe R 171 im Angebot. Kurze Erinnerung: Die Kraft, die zum Lenken aufgebracht werden musste, hing von der gefahrenen Geschwindigkeit ab. Mit höherem Tempo stiegen die Handkräfte an, oder anders ausgedrückt, bei geringen Geschwindig-

Mechanik der Direktlenkung: Zahnstangenlenkung mit variabler Übersetzung

keiten nahm die Unterstützung der Servolenkung zu. Dies bewirkte einerseits einen geringen Kraftaufwand bei Parkmanövern und andererseits einen sicheren Geradeauslauf zum Beispiel auf der Autobahn, da hier höhere Lenkkräfte gefordert waren. Wenn man jetzt noch ein System hätte, das auf der Parameterlenkung aufbauend bei stärkerem Lenkeinschlag eine höhere Lenkungsübersetzung bieten würde, wäre das eine weitere Steigerung von Komfort und Sicherheit.

Genau dies führte Mercedes-Benz mit der neuen Direktlenkung als Sonderausstattung ein. Die Direktlenkung kostete 315 Euro und gehörte beim SLK 55 AMG zur Serienausstattung. Rund um die Mittellage war die Übersetzung indirekt, was einen stabilen Gerade-

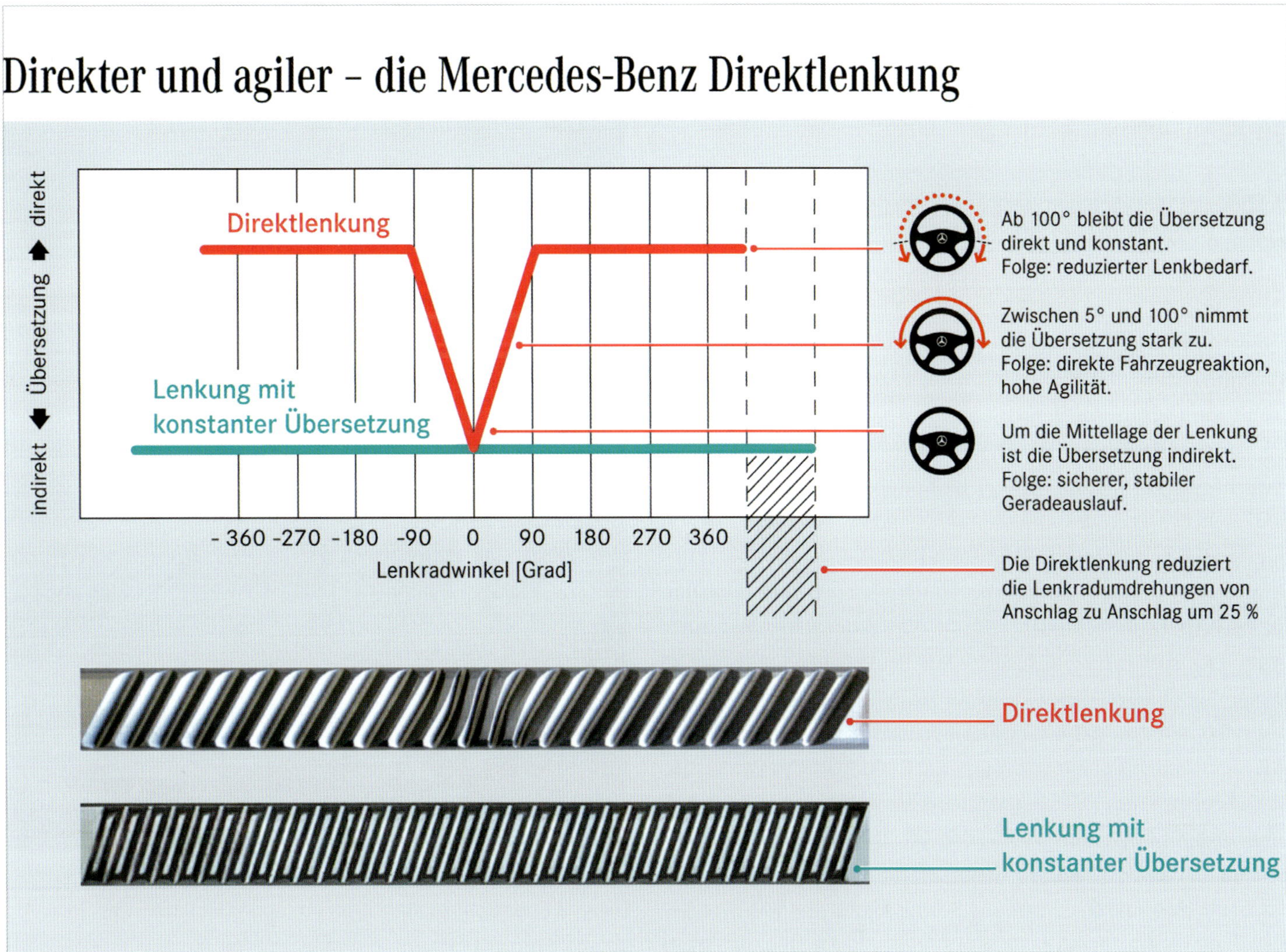

Ein Bild sagt mehr als tausend Worte: Ganz leicht zu verstehen ist das System aber nicht

auslauf garantierte. Aber schon ab fünf Grad Lenkeinschlag wuchs die Übersetzung der Direktlenkung schnell an, dann genügte schon eine kleine Lenkradbewegung für eine verhältnismäßig große Kursänderung. Die Vorteile lagen auf der Hand: Richtungsänderungen waren mit weniger Bewegung am Lenkrad und dadurch schneller möglich. In der Stadt musste der Fahrer weniger am Lenkrad kurbeln, auf engen Serpentinenstraßen brauchten die Hände am Lenkrad nicht mehr umgreifen, und der SLK ließ sich so deutlich sportlicher bewegen.

Das Geheimnis der rein mechanisch arbeitenden Direktlenkung war eine Zahnstange, genauer gesagt, die Anordnung der Zähne darauf. Im Mittelbereich waren sie leicht wellenförmig mit sich verändernden Flanken gestaltet, die nach beiden Seiten in unterschiedlich weit auseinander stehende Zähne übergingen.

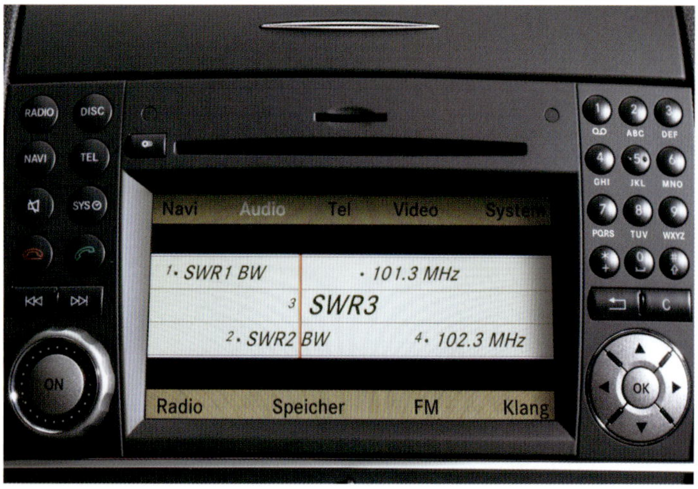

COMMAND APS: jetzt mit Festplattennavigation und 4 GB Speicherplatz für Musikdateien

Telematik – Media-Interface und Sprachbedienung

In allen drei angebotenen Radiosystemen (Audio 20 CD, Audio 50 APS und COMAND APS) gehörte nun eine Freisprecheinrichtung mit Bluetooth-Schnittstelle und einer Aux-In-Buchse im Handschuhkasten zum Serienumfang. Wer eine Vollintegration zum Beispiel seines iPods wünschte, konnte sich das neue Media-Interface für 190 Euro dazubestellen.

Damit wurde das Zusatzgerät nicht nur geladen, sondern auch so in das Bediensystem integriert, dass sich die Musiktitel mit den Tasten im Lenkrad aufrufen ließen und im Kombi-Instrument sowie auf dem Farbdisplay in der Mittelkonsole angezeigt wurden. Alle Radios im SLK verfügten nun über einen Doppeltuner, um auch unter schwierigen Bedingungen den besten Empfang zu gewährleisten. Im COMAND APS befanden sich die Navigationsdaten auf einer Festplatte, was eine deutlich schnellere Routenberechnung ermöglichte. Vier Gigabyte dieser Festplatte waren für das Music Register reserviert, auf dem sich mp3-Dateien ablegen ließen.

Mit dem Sprachbedienungssystem LINGUATRONIC, erstmals im SLK angeboten, im COMAND APS bereits enthalten und gegen Aufpreis auch für das Audio 50 APS erhältlich, ließen sich Navigations-, Telefon-und Audiosystem per Ganzworteingabe steuern.

Die Sonderausstattung „Surround-Soundsystem“ für 833 Euro lieferte eine Gesamtleistung von 500 statt der bisherigen 380 Watt, außerdem spielte es nun auch Aufnahmen im 5.1-Format ab.

Blick aufs Zubehör: Trägersystem „Alustyle“ mit abschließbarem Ski- und Snowboardhalter für bis zu sechs Paar Ski, vier Snowboards oder Wasserski, 18-Zoll Designrad „Korsunia“ und hochglanzverchromte Zierteile

Blick aufs Wesentliche: Insgesamt hatte der SLK der Baureihe R 171 nach der Modellpflege ein sportlicheres Erscheinungsbild

Der SLK von 2009 bis 2010

Baureihe R 171

Der SLK von 2009 bis 2010

Baureihe R 171

2009: Sondermodell „2LOOK Edition", SLK 300

Gegensätze ziehen sich an. Inspiriert von diesem Sprichwort präsentierte Mercedes-Benz auf dem Genfer Automobilsalon 2009 das Sondermodell „2LOOK Edition", das mit Schwarz-Weiß-Kontrasten spielte. Serienmäßig präsentierte sich die „2LOOK Edition" wahlweise in Calcitweiß oder Schwarz, gegen einen Aufpreis von 702 Euro ließ sich das Uni-Schwarz auf die Metallic-Lackierung Obsidianschwarz upgraden. 2368 Euro Euro kostete es, die auf weltweit 300 Exemplare limitierte Sonderlackierung designo Mysticweiß zu wählen. Die Scheinwerfer waren dunkel eingefasst, an den Kotflügeln und auf dem Windschott aus transparentem Acrylglas waren Schriftzüge mit dem Logo „2LOOK EDITION" angebracht. Die 18-Zoll-Leichtmetallräder im Fünf-Doppelspeichendesign standen

Gegensätze ziehen sich an: schwarzes Lederlenkrad mit weißen Ziernähten, weiße Zierteile im schwarzen Armaturenbrett

Sondermodell „2LOOK Edition": wahlweise in Weiß oder in Schwarz lieferbar

in den beiden Oberflächenvarianten Titansilber (glänzend) oder Chrome Shadow (dunkel) zur Auswahl.
Im Innenraum setzte sich das schwarz-weiße Kontrastprogramm fort: Die Mittelfelder der mit Nappaleder bezogenen Sitze weiß, die Sitzwangen schwarz, das Lederlenkrad schwarz, die Ziernähte weiß, das Armaturenbrett schwarz, die Zierteile weiß. Der SLK „2LOOK Edition" konnte in den Motorvarianten SLK 200 Kompressor (41.442 Euro), SLK 300 (45.666 Euro) und SLK 350 Sportmotor (50.307 Euro) bestellt werden. SLK 300 war die neue Modellbezeichnung des ansonsten unveränderten SLK 280, eingeführt Anfang 2009 im Rahmen einer überarbeiteten Nomenklatur der Mercedes-Benz Personenwagen.
Und noch eine Kleinigkeit des Jahres 2009 am Rande: Im Lackfächer des SLK löste Tenoritgrau den Farbton Cubanitsilber ab, und der Nachfolger von Jaspisblau hieß Indigolithblau.

2010: Sondermodell „Grand Edition", Radio Serie, AMG Driver's Package

Deutlich gesetzter als die „2LOOK Edition" des Vorjahres präsentierte sich Anfang des Jahres 2010 der SLK „Grand Edition", denn den Innenraum dominierte die Farbe Grau. Die Sitze waren mit Nappaleder in Basaltgrau bezogen, ebenso die Türverkleidungen, sogar die Sicherheitsgurte waren grau. Als Kontrast verzierten rote Nähte die Sitze und die Armlehnen. Ein „Grand Edition"-Logo fand sich auf den Kotflügeln, auf den Fußmatten und auf dem Handschuhfach. Außen besonders auffällig waren die 18-Zoll-Leichtmetallräder im 5-Triplespeichen-Design, die silbernen Finnen auf den Lufteinlässen der Motorhaube und die dunkel eingefassten Scheinwerfer. Serienmäßig war das Sondermodell in den Uni-Lackierungen Schwarz, Feueropal oder Calcitweiß erhältlich, gegen einen Aufpreis von 726 Euro standen die Metallic-Lackierungen Obsidianschwarz, Tansanitblau, Thulitrot, Tenoritgrau, Iridiumsilber oder Palladiumsilber zur Auswahl, und wer 2142 Euro investierte, konnte sich seinen SLK „Grand Edition" im edlen designo Graphit Metallic lackieren lassen. Wie üblich, war auch die „Grand Edition" mit allen drei Serien-Motorisierungen lieferbar: Der SLK 200 Kompressor kostete 42.275 Euro, der SLK 300 46.856 Euro und der SLK 350, dessen Zusatz „Sportmotor" Anfang 2010 aus der offiziellen Bezeichnung verschwunden war, 51.319 Euro.
Ab Anfang 2010 gehörte erstmals ein Radio zur Serienausstattung des SLK, das Audio 20. Und es fanden sich die neuen Zierteile designo Pappel Natur im Angebot.
Und Neues aus der AMG Welt: Für den SLK 55 AMG wurde erstmalig das Driver's Package angeboten, das für 2380 Euro die Anhebung der Höchstgeschwindigkeit auf 280 km/h und die Teilnahme an einem Fahrertraining der AMG Driving Academy beinhaltete.

Graue Eminenz: SLK „Grand Edition". Sitze mit grauem Nappaleder bezogen, Türverkleidungen grau, Sicherheitsgurte grau

Baureihe R 171 (2004 - 2007)

	SLK 200 Kompressor	SLK 280	SLK 350	SLK 55 AMG
Baumuster	171.442	171.454	171.456	171.473
bestellbar ab	07.01.2004	04.04.2005	07.01.2004	07.01.2004
Markteinführung in Deutschland	27.03.2004	Juli 2005	Juli 2004	Oktober 2004
Motor				
Motortyp	M 271 E 18 ML	M 272 E 30	M 272 E 35	M 113 E 55 AMG
Motor-Baumuster	271.944	272.942	272.963	113.989
Bauart	Vierzylinder-Ottoreihenmotor, Saugrohreinspritzung, zwei Einlass- und zwei Auslassventile pro Zylinder, geregelter 3-Wege-Katalysator	Sechszylinder-V-Ottomotor, 90 Grad Zylinderwinkel, Saugrohreinspritzung, zwei Einlass- und zwei Auslassventile pro Zylinder, geregelter 3-Wege-Katalysator	Sechszylinder-V-Ottomotor, 90 Grad Zylinderwinkel, Saugrohreinspritzung, zwei Einlass- und zwei Auslassventile pro Zylinder, geregelter 3-Wege-Katalysator	Achtzylinder-V-Ottomotor, 90 Grad Zylinderwinkel, Saugrohreinspritzung, zwei Einlass- und ein Auslassventil pro Zylinder, geregelter 3-Wege-Katalysator
Ventilsteuerung	zwei obenliegende Nockenwellen (beide verstellbar) Nockenwellen (beide verstellbar)	je Zylinderreihe zwei obenliegende je Zylinderreihe	je Zylinderreihe zwei obenliegende Nockenwellen (beide verstellbar)	je Zylinderreihe Nockenwellen (beide verstellbar)
Nockenwellenantrieb	Duplex-Kette	Einlass-Nockenwellen über Duplex-Kette, Auslass-Nockenwellen über Zahnradeingriff mit Einlass-Nockenwellen	Einlass-Nockenwellen über Duplex-Kette, Auslass-Nockenwellen über Zahnradeingriff mit Einlass-Nockenwellen	Duplex-Kette
Hubraum (cm³)	1796	2996	3499	5439
Bohrung x Hub (mm)	82,0 x 85,0	88,0 x 82,1	92,9 x 86,0	97,0 x 92,0
Nennleistung	120 kW / 163 PS bei 5500/min	170 kW / 231 PS bei 6000/min	200 kW / 272 PS bei 6000/min	265 kW / 360 PS bei 5750/min
Nenndrehmoment	240 Nm bei 3000/min	300 Nm bei 2400 – 5000/min	350 Nm bei 2400 – 5000/min	510 Nm bei 4000/min
Verdichtungsverhältnis	9,5 : 1	11,1 : 1	10,7 : 1	11,0 : 1
Gemischbildung	mikroprozessorgesteuerte Einspritzanlage, Kompressor-Aufladung mit Ladeluftkühlung	mikroprozessorgesteuerte Einspritzanlage	mikroprozessorgesteuerte Einspritzanlage	mikroprozessorgesteuerte Einspritzanlage Kompressor-Aufladung mit Ladeluftkühlung
Schmierung	Druckumlaufschmierung / 5,5 l Öl	Druckumlaufschmierung / 8,0 l Öl	Druckumlaufschmierung / 8,0 l Öl	Druckumlaufschmierung / 9,2 l Öl
Batterie (Ah)	62	74	74	74
Generator (W)	1680	2100	2100	2100
Kraftübertragung*				
Getriebe	Sechsgang-Schaltgetriebe Serie (Fünfgang-Automatikgetriebe als Sonderausstattung)	Sechsgang-Schaltgetriebe Serie (Siebengang-Automatikgetriebe als Sonderausstattung)	Sechsgang-Schaltgetriebe Serie (Siebengang-Automatikgetriebe als Sonderausstattung)	Siebengang-Automatikgetriebe mit AMG-Speedshift Serie
Übersetzungen				
Achsantrieb	3,46 (3,46)	3,27 (3,27)	3,27 (3,27)	– (3,06)
1. Gang	4,46 (3,95)	4,46 (4,38)	4,46 (4,38)	– (4,38)
2. Gang	2,61 (2,42)	2,61 (2,86)	2,61 (2,86)	– (2,86)
3. Gang	1,72 (1,49)	1,72 (1,92)	1,72 (1,92)	– (1,92)
4. Gang	1,25 (1,00)	1,25 (1,37)	1,25 (1,37)	– (1,37)
5. Gang	1,00 (0,83)	1,00 (1,00)	1,00 (1,00)	– (1,00)
6. Gang	0,84 (-)	0,84 (0,82)	0,84 (0,82)	– (0,82)
7. Gang	– (–)	– (0,73)	– (0,73)	– (0,73)
Rückwärtsgang	4,06 (3,15)	4,06 (3,41)	4,06 (3,41)	– (3,41)
Fahrwerk				
Vorderachse	McPherson-Dreilenkerachse, Schraubenfedern, Zweirohr-Gasdruck-stoßdämpfer, Drehstab-Stabilisator	McPherson-Dreilenkerachse, Schraubenfedern, Zweirohr-Gasdruck-stoßdämpfer, Drehstab-Stabilisator	McPherson-Dreilenkerachse, Schraubenfedern, Zweirohr-Gasdruck-stoßdämpfer, Drehstab-Stabilisator	McPherson-Dreilenkerachse, Schraubenfedern, Zweirohr-Gasdruck-stoßdämpfer, Drehstab-Stabilisator
Hinterachse	Raumlenkerachse, Schraubenfedern, Einrohr-Gasdruckstoßdämpfer, Drehstab-Stabilisator	Raumlenkerachse, Schraubenfedern, Einrohr-Gasdruckstoßdämpfer, Drehstab-Stabilisator	Raumlenkerachse, Schraubenfedern, Einrohr-Gasdruckstoßdämpfer, Drehstab-Stabilisator	Raumlenkerachse, Schraubenfedern, Einrohr-Gasdruckstoßdämpfer, Drehstab-Stabilisator
Lenkung	Zahnstangen-Servolenkung	Zahnstangen-Servolenkung	Zahnstangen-Servolenkung	Zahnstangen-Servolenkung
Lenkübersetzung	15,5 : 1	15,5 : 1	15,5 : 1	15,5 : 1
Bremsanlage	vier Scheibenbremsen, vorn innenbelüftet, mechanische Feststellbremse, ABS, Bremsassistent, ESP	vier Scheibenbremsen, vorn innenbelüftet und gelocht, mechanische Feststellbremse, ABS, Bremsassistent, ESP	vier Scheibenbremsen, vorn innenbelüftet und gelocht, mechanische Feststellbremse, ABS, Bremsassistent, ESP	vier Scheibenbremsen, vorn und hinten innenbelüftet und gelocht, mechanische Feststellbremse, ABS, Bremsassistent, ESP
Bremsscheiben-Durchmesser v / h (mm)	288 / 278	330 / 290	330 / 290	340 / 330
Felgen	7,0 J x 16 H2 ET 34 vorn und hinten	7,0 J x 16 H2 ET 34 vorn und hinten	7,5 J x 17 H2 ET 36 vorn und hinten	7,5 J x 18 H2 ET 37 vorn, 8,5 J x 18 H2 ET 30 hinten
Bereifung	205/55 R 16 vorn und hinten	205/55 R 16 vorn und hinten	225/45 R 17 vorn und hinten	225/40 ZR 18 vorn, 245/35 ZR 18 hinten
Maße und Gewichte				
Radstand (mm)	2430	2430	2430	2430
Spurweite vorn / hinten (mm)	1530 / 1541	1526 / 1549	1526 / 1549	1524/1549
Länge / Breite (ohne Spiegel) Höhe (mm)	4082 / 1777 / 1296	4082 / 1788 / 1296	4082 / 1788 / 1298	4087 / 1794 / 1271
Wendekreis (m)	10,5	10,5	10,5	10,5
Kofferraumvolumen (Liter)	300 (bei geöffnetem Variodach 208)	300 (bei geöffnetem Variodach 208)	300 (bei geöffnetem Variodach 208)	300 (bei geöffnetem Variodach 208)
Gewicht fahrfertig (kg)	1390	1440	1465	1540
zulässiges Gesamtgewicht (kg)	1705	1755	1780	1850
Zuladung (kg)	315	315	315	310
Tankinhalt/davon Reserve (Liter)	70 / 9	70 / 9	70 / 9	70 / 10
Fahrleistungen und Verbrauch*				
Beschleunigung 0-100 km/h (s)	7,9 (8,3)	6,3 (6,2)	5,6 (5,5)	- (4,9)
Höchstgeschwindigkeit (km/h)	228 (226)	250 (250)***	250 (250)***	- (250)***
Verbrauch** (l/100 km)	8,7 (8,8)	9,7 (9,3)	10,6 (10,1)	- (11,7)
CO2-Emission (g/km)	206 (208)	230 (220)	251 (239)	- (263)
Grundpreise******	01/2004: 33.524,00 Euro	---	01/2004: 43.384,00 Euro	01/2004: 63.974,00 Euro
	01/2005: 34.220 Euro	---	01/2005: 44.196 Euro	01/2005: 65.192 Euro
	02/2006: 34.452 Euro	02/2006: 39.614 Euro	02/2006: 44.486 Euro	02/2006: 65.830 Euro
	01/2007: 35.581 Euro	01/2007: 40.876 Euro	01/2007: 45.874 Euro	01/2007: 67.770 Euro

* Werte für Automatikgetriebe in Klammern; **kombiniert nach Richtlinie 93/116/EG;
*** elektronisch abgeregelt
**** einschl. Mehrwertsteuer

Baureihe R 171 (2008 – 2010)

SLK 200 Kompressor	SLK 280	SLK 300	SLK 350 (Sportmotor)	SLK 55 AMG
171.445	171.454	171.454	171.458	171.473
21.12.2007	21.12.2007	30.06.2009	21.12.2007	21.12.2007
April 2008	April 2008	September 2009	April 2008	April 2008
M 271 E 18 KE	M 272 E 30 KE	M 272 E 30 KE	M 272 E 35 KE	M 113 E 55 AMG
271.954	272.942	272.942	272.969	113.989
Vierzylinder-Ottoreihenmotor, Kanaleinspritzung, zwei Einlass- und zwei Auslassventile pro Zylinder, geregelter 3-Wege-Katalysator	Sechszylinder-V-Ottomotor, 90 Grad Zylinderwinkel, Kanaleinspritzung, zwei Einlass- und zwei Auslassventile pro Zylinder, geregelter 3-Wege-Katalysator	Sechszylinder-V-Ottomotor, 90 Grad Zylinderwinkel, Kanaleinspritzung, zwei Einlass- und zwei Auslassventile pro Zylinder, geregelter 3-Wege-Katalysator	Sechszylinder-V-Ottomotor, 90 Grad Zylinderwinkel, Kanaleinspritzung, zwei Einlass- und zwei Auslassventile pro Zylinder, geregelter 3-Wege-Katalysator	Achtzylinder-V-Ottomotor, 90 Grad Zylinderwinkel, Saugrohreinspritzung, zwei Einlass- und ein Auslassventil pro Zylinder, geregelter 3-Wege-Katalysator
zwei obenliegende Nockenwellen eine obenliegende Nockenwelle Duplex-Kette	je Zylinderreihe zwei obenliegende (beide verstellbar) Einlass-Nockenwellen über Duplex-Kette, Auslass-Nockenwellen über Zahnradeingriff mit Einlass-Nockenwellen	je Zylinderreihe zwei obenliegende Nockenwellen (beide verstellbar) Einlass-Nockenwellen über Duplex-Kette, Auslass-Nockenwellen über Zahnradeingriff mit Einlass-Nockenwellen	je Zylinderreihe zwei obenliegende Nockenwellen (beide verstellbar) Einlass-Nockenwellen über Duplex-Kette, Auslass-Nockenwellen über Zahnradeingriff mit Einlass-Nockenwellen	je Zylinderreihe eine obenliegende Nockenwelle Duplex-Kette
1796	2996	2996	3498	5439
82,0 x 85,0	88,0 x 82,1	88,0 x 82,1	92,9 x 86,0	97,0 x 92,0
135 kW / 184 PS bei 5000/min	170 kW / 231 PS bei 6000/min	170 kW / 231 PS bei 6000/min	224 kW / 305 PS bei 6500/min	265 kW / 360 PS bei 5750/min
250 Nm bei 2800 – 5000/min	300 Nm bei 2400 – 5000/min	300 Nm bei 2400 – 5000/min	360 Nm bei 4900/min	510 Nm bei 4000/min
8,5 : 1	11,3 : 1	11,3 : 1	11,7 : 1	11,0 : 1
kroprozessorgesteuerte Einspritzanlage	mikroprozessorgesteuerte Einspritzanlage	mikroprozessorgesteuerte Einspritzanlage	mikroprozessorgesteuerte Einspritzanlage	mikroprozessorgesteuerte Einspritzanlage
npressor-Aufladung mit Ladeluftkühlung				Kompressor-Aufladung mit Ladeluftkühlung
Druckumlaufschmierung / 5,5 l Öl	Druckumlaufschmierung / 8,0 l Öl	Druckumlaufschmierung / 8,0 l Öl	Druckumlaufschmierung / 8,0 l Öl	Druckumlaufschmierung / 9,2 l Öl
62	74	74	74	74
1680	2100	2100	2100	2100
chsgang-Schaltgetriebe Serie (Fünfgang-tomatikgetriebe als Sonderausstattung)	Sechsgang-Schaltgetriebe Serie (Siebengang-Automatikgetriebe als Sonderausstattung)	Sechsgang-Schaltgetriebe Serie (Siebengang-Automatikgetriebe als Sonderausstattung)	Sechsgang-Schaltgetriebe Serie (Siebengang-Automatikgetriebe als Sonderausstattung)	Siebengang-Automatikgetriebe mit AMG-Speedshift Serie
3,07 (3,07)	3,27 (3,27)	3,27 (3,27)	3,07 (3,07)	– (3,06)
4,46 (3,95)	4,46 (4,38)	4,46 (4,38)	4,46 (4,38)	– (4,38)
2,61 (2,42)	2,61 (2,86)	2,61 (2,86)	2,61 (2,86)	– (2,86)
1,72 (1,49)	1,72 (1,92)	1,72 (1,92)	1,72 (1,92)	– (1,92)
1,25 (1,00)	1,25 (1,37)	1,25 (1,37)	1,25 (1,37)	– (1,37)
1,00 (0,83)	1,00 (1,00)	1,00 (1,00)	1,00 (1,00)	– (1,00)
0,84 (–)	0,84 (0,82)	0,84 (0,82)	0,84 (0,82)	– (0,82)
– (–)	- (0,73)	– (0,73)	– (0,73)	– (0,73)
4,06 (3,15)	4,06 (3,41)	4,06 (3,41)	4,06 (3,41)	– (3,41)
McPherson-Dreilenkerachse, Schraubenfedern, Zweirohr-Gasdruck-stoßdämpfer, Drehstab-Stabilisator	McPherson-Dreilenkerachse, Schraubenfedern, Zweirohr-Gasdruck-stoßdämpfer, Drehstab-Stabilisator	McPherson-Dreilenkerachse, Schraubenfedern, Zweirohr-Gasdruck-stoßdämpfer, Drehstab-Stabilisator	McPherson-Dreilenkerachse, Schraubenfedern, Zweirohr-Gasdruck-stoßdämpfer, Drehstab-Stabilisator	McPherson-Dreilenkerachse, Schraubenfedern, Zweirohr-Gasdruck-stoßdämpfer, Drehstab-Stabilisator
mlenkerachse, Schraubenfedern, Einrohr-druckstoßdämpfer, Drehstab-Stabilisator	Raumlenkerachse, Schraubenfedern, Einrohr-Gasdruckstoßdämpfer, Drehstab-Stabilisator	Raumlenkerachse, Schraubenfedern, Einrohr-Gasdruckstoßdämpfer, Drehstab-Stabilisator	Raumlenkerachse, Schraubenfedern, Einrohr-Gasdruckstoßdämpfer, Drehstab-Stabilisator	Raumlenkerachse, Schraubenfedern, Einrohr-Gasdruckstoßdämpfer, Drehstab-Stabilisator
Zahnstangen-Servolenkung	Zahnstangen-Servolenkung	Zahnstangen-Servolenkung	Zahnstangen-Servolenkung	Zahnstangen-Servolenkung
15,5 : 1	15,5 : 1	15,5 : 1	15,5 : 1	15,5 : 1
Scheibenbremsen, vorn innenbelüftet und elocht, mechanische Feststellbremse, ABS, Bremsassistent, ESP	vier Scheibenbremsen, vorn innenbelüftet und gelocht, mechanische Feststellbremse, ABS, Bremsassistent, ESP	vier Scheibenbremsen, vorn innenbelüftet und gelocht, mechanische Feststellbremse, ABS, Bremsassistent, ESP	vier Scheibenbremsen, vorn innenbelüftet und gelocht, mechanische Feststellbremse, ABS, Bremsassistent, ESP	vier Scheibenbremsen, vorn und hinten innenbelüftet und gelocht, mechanische Feststellbremse, ABS, Bremsassistent, ESP
300/278	300 / 278	300 / 278	330 / 290	340 / 330
7,0 J x 16 H2 vorn und hinten	7,0 J x 16 H2 vorn, 8 J 16 ET 30 hinten	7,0 J x 16 H2 vorn, 8 J 16 ET 30 hinten	7,5 J x 17 ET 36 vorn, 8,5 J x 17 ET 30 hinten	7,5 J x 18 H2 vorn, 8,5 J x 18 H2 ET 30 hinten
205/55 R 16 vorn und hinten	205/55 R 16 vorn, 225/50 R 16 hinten	205/55 R 16 vorn, 225/50 R 16 hinten	225/45 R 17 vorn, 245/40 R 17 hinten	225/40 ZR 18 vorn, 245/35 ZR 18 hinten
2430	2430	2430	2430	2430
1530 / 1541	1526 / 1549	1526 / 1549	1526 / 1549	1524 / 1549
4103 / 1777 / 1296	4103 / 1788 / 1296	4103 / 1788 / 1296	4103 / 1788 / 1298	4099 / 1794 / 1287
10,5	10,5	10,5	10,5	10,5
300 (bei geöffnetem Variodach 208)	300 (bei geöffnetem Variodach 208)	300 (bei geöffnetem Variodach 208)	300 (bei geöffnetem Variodach 208)	300 (bei geöffnetem Variodach 208)
1390	1455	1455	1485	1575
1705	1770	1770	1800	1850
315	315	315	315	275
70 / 9	70 / 9	70 / 9	70 / 9	70 / 10
7,7 (8,0)	6,3 (6,2)	6,3 (6,2)	5,4 (5,4)	- (4,9)
236 (232)	250 (250)***	250 (250)***	250 (250)***	- (250)***
7,7 (8,0)	9,3 (9,1)	9,5 (8,9)	9,5 (9,2)	- (12,0)
182 (190)	220 (216)	220 (207)	227 (218)	- (288)
04/2008: 36.503 Euro	04/2008: 41.858 Euro	---	04/2008: 46.975 Euro	04/2008: 69.050 Euro
01/2009: 37.217 Euro	01/2009: 42.572 Euro	---	01/2009: 47.689 Euro	01/2009: 69.823 Euro
01/2010: 38.110 Euro	---	01/2010: 43.465 Euro	01/2010: 48.582 Euro	01/2010: 70.746 Euro

Der SLK ab 2011

Einführung Baureihe R 172

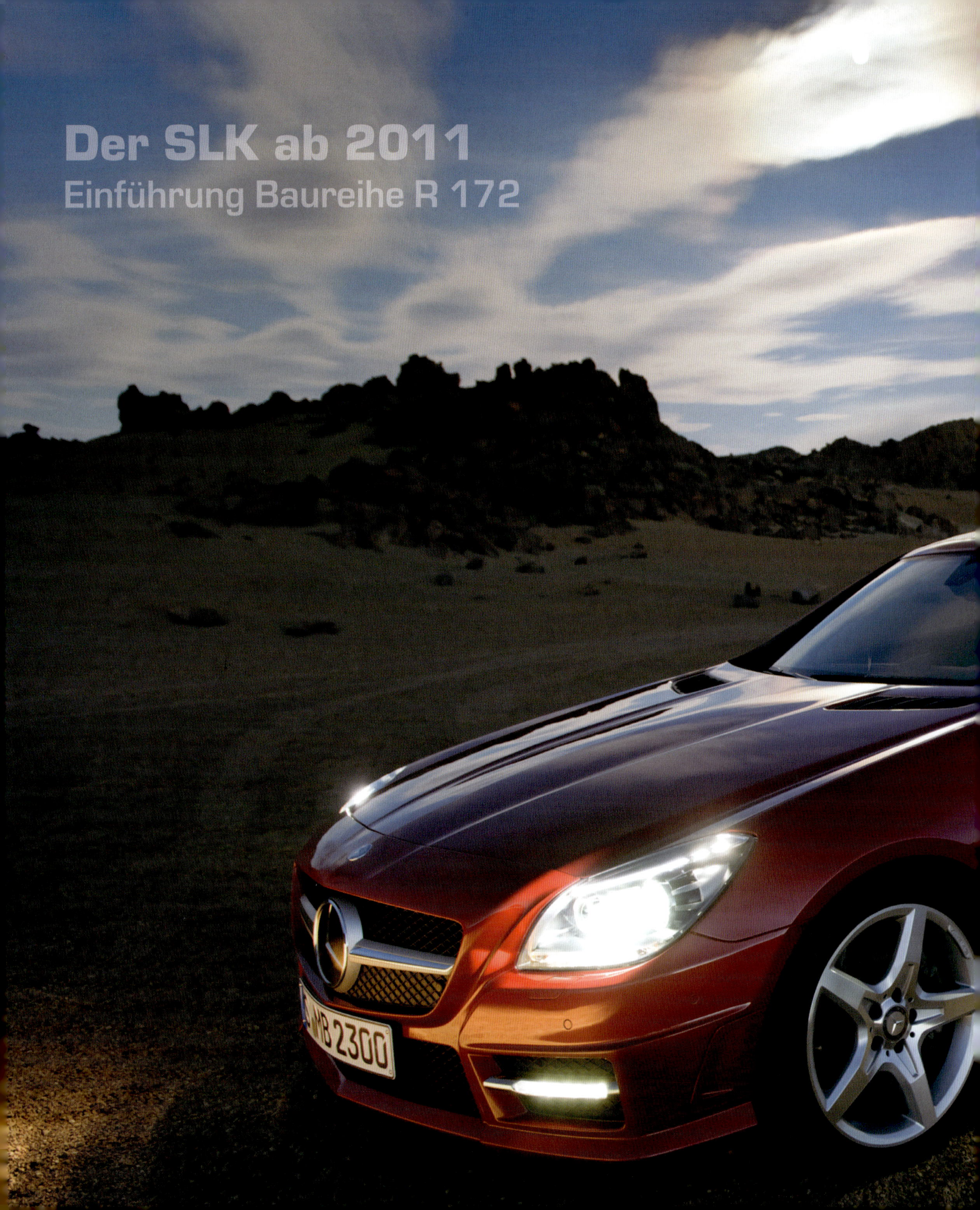

Der SLK ab 2011
Einführung Baureihe R 172

Die dritte Generation des SLK mit der internen Bezeichnung R 172 feierte im Rahmen des Festakts „125 Jahre Automobil“ am 29. Januar 2011 seine Weltpremiere. Bestellbar war der neue SLK bereits ab dem 17. Januar 2011. Ab März 2011 lieferbar waren zunächst der SLK 200 für 38.675 Euro, der SLK 250 für 44.256 Euro und der SLK 350 für 52.300 Euro.

Design – erwachsen und stilvoll

Erneut war der SLK gewachsen: In der Länge hatte er um 31 auf 4134 Millimeter zugelegt, in der Breite um 33 auf 1810 Millimeter – was auch der Größe des Innenraums zu Gute kam. Das Design des neuen SLK mit seiner aufrecht stehenden Kühlermaske erinnerte nicht nur an den 190 SL der 1950er-Jahre, sondern nahm auch schon ein wenig die Formensprache des neuen SL vorweg, der ein Jahr später auf den Markt kam. Während sich beim Vorgänger noch die von der Formel 1 inspirierte Nase auf der Motorhaube wölbte, befand sich auf der Haube nun quasi eine Negativform davon. Den Abschluss der Motorhaube bildeten zwei Lufteinlassgitter vor der Windschutzscheibe mit jeweils drei Lamellen. Die Lüftungsgitter in den vorderen Kotflügeln trugen eine Lamelle und waren stilistisch an den historischen 300 SL Roadster angelehnt. Bei den meisten Ausstattungsvarianten waren die Antennen nun in den Front- und Heckscheiben sowie in der Hutablage untergebracht.

Wirkte vergleichsweise verspielt: die Front der Vorgänger-Baureihe mit ihrer aus der Formel 1 inspirierten Nase

Völlig neue Richtung: Die neue Baureihe R 172 wirkte deutlich erwachsener als die Vorgängerbaureihen

Controller: ermöglicht den Weg durch die Bedienmenüs

Futuristisch: neue Instrumente

Erstmals im SLK: Ein Druck auf den Taster schließt, ein Zug löst die Bremse

Neues Lenkrad: jetzt unten sportlich abgeflacht, Lüftungsdüsen formal aus dem SLS bekannt

Im Innenraum fielen das unten abgeflachte Lenkrad und die vier in die Instrumententafel eingelassenen Belüftungsdüsen auf, die formal bereits vom Flügeltürer SLS AMG bekannt waren und die Zugehörigkeit zur Sportwagenfamilie von Mercedes-Benz unterstrich. Neu war auch der Controller auf der Mittelarmlehne, mit dem sich der Weg durch die Bedienmenüs steuern ließ. Erstmals im SLK war der Handbremshebel einer elektrisch betätigten Parkbremse gewichen, die Betätigung dafür befand sich unterhalb des Lichtschalters. Beim SLK mit Schaltgetriebe schloss ein Druck auf den Schalter die Bremse, ein Zug daran löste sie. Beim Automatikgetriebe löste sich die Bremse selbsttätig, sobald der Motor lief, ein Gang eingelegt war und das Gaspedal betätigt wurde. Auch eine Notbremsung konnte mit der Parkbremse ausgelöst werden: Bei Geschwindigkeiten oberhalb 4 km/h bremste der SLK so lange, wie der Schalter gedrückt wurde. Dabei leuchteten die Bremslichter, und gegebenenfalls erfolgten dabei auch Regeleingriffe durch ABS oder ESP.

In der Basisversion war der neue SLK mit schwarzen Stoffsitzen ausgestattet. Gegen Aufpreis gab es geprägtes Leder, Nappaleder oder Leder Nappa Exklusiv. Hinter Letzterem verbarg sich nicht etwa eine noch bessere Lederqualität, sondern die Tatsache, dass zusätzlich das Oberteil der Instrumententafel und der Türen mit Nappaleder verkleidet war. Alle Lederausstattungen waren, ebenfalls ein Novum, sonnenreflektierend.

Durch eine spezielle Beschichtung sank die Temperatur auf den Sitzen um mehr als zehn Grad, was beim Parken des offenen Autos in der Sonne einen echten Komfortgewinn darstellte. Erstmalig im SLK erhältlich war die „Ambiente-Beleuchtung“, die rote Lichtakzente in der Türverkleidung, um den Zuziehgriff der Tür und beidseitig der Mittelkonsole setzte.

Sport-Paket – jetzt mit AMG Styling

Angeboten wurde wieder ein Sport-Paket, das nun aber „Sport-Paket AMG“ hieß. Natürlich nicht ohne Grund, denn das für SLK 200 (3808 Euro), SLK 250 (3332 Euro) und SLK 350 (3213 Euro) lieferbare Paket umfasste im Gegensatz zum bisherigen Sport-Paket auch ein AMG Styling, bestehend aus Front- und Heckschürze und modifizierten Seitenschweller-Verkleidungen. In den Radhäusern drehten sich glanzgedrehte 18-Zoll-Leichtmetallfelgen im 5-Doppelspeichen-Design, die Vorderräder waren mit perforierten Bremsscheiben und Bremssätteln, die den Schriftzug „Mercedes-Benz“ trugen, ausgerüstet. Weiterhin enthalten waren Scheinwerfer mit dunkler Einfassung, abgedunkelte Heckleuchten, Sitze mit einem spezifischen Design und roter Ziernaht und ein schachbrettartiges Blendendesign des Kombi-Instruments. Beim SLK 200 und SLK 250 war zudem ein noch sportlicherer Motorsound im Preis enthalten.

Erneut war die Palette der erhältlichen Farben ein bisschen weniger bunt geworden: Die Metallic-Lacke Thulitrot, Periklasgrün, Indigolithblau und Tansanitblau entfielen zugunsten Iridiumgrau, Perlbeige, Diamantweiß bright und Cavansitblau.

In Richtung Affalterbach: das neue Sportpaket AMG

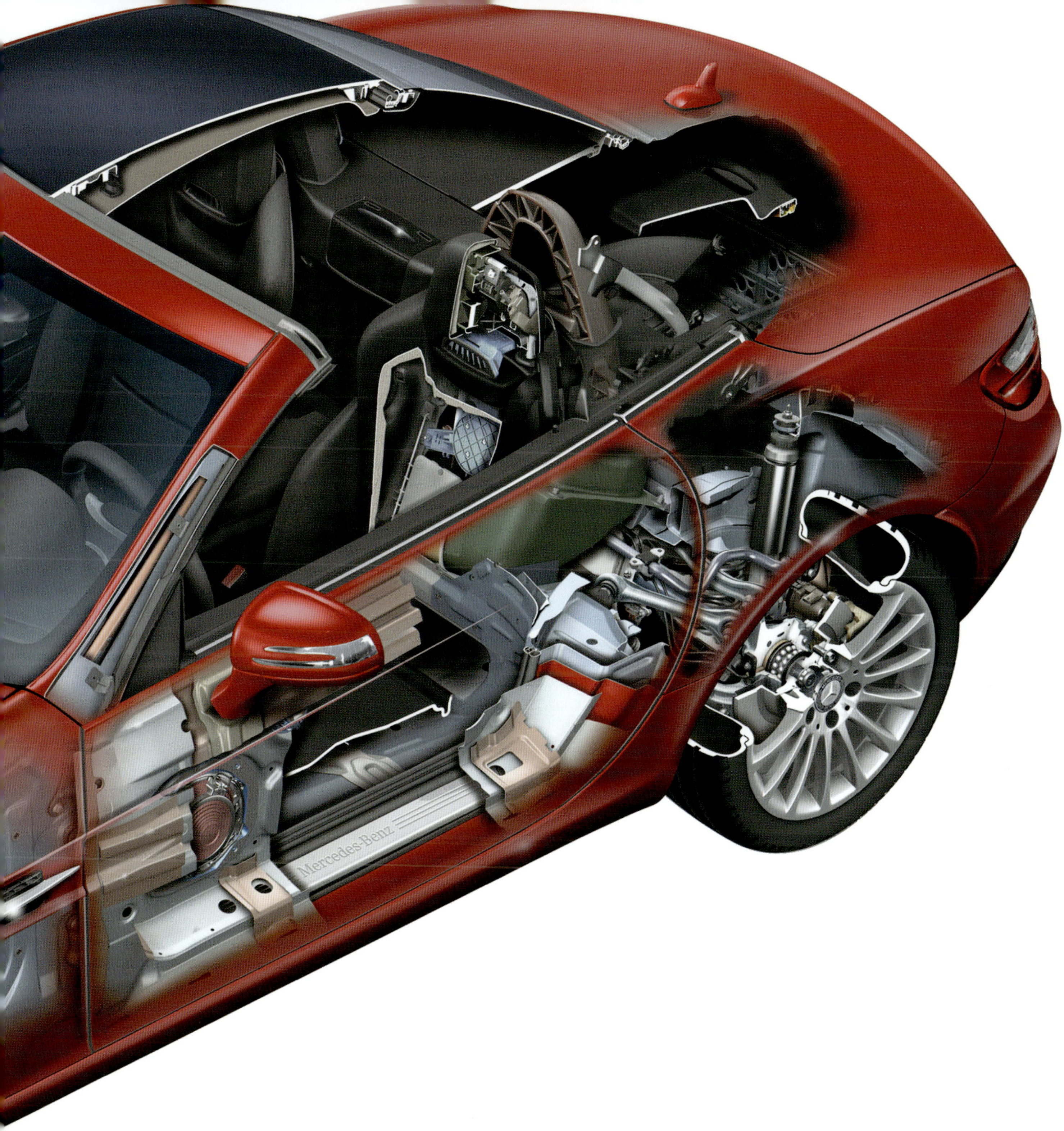

Nichts bleibt verborgen: Explosionszeichnung der Baureihe R 172

Tiefgekühlt: Ein SLK muss auch bei klirrender Kälte noch funktionieren – Test im Klimakanal

Motoren – deutlich sparsamer, Start-Stopp-Automatik, Turboaufladung

Zur Markteinführung standen zunächst die drei Modelle SLK 200, SLK 250 und SLK 350 zur Verfügung, alle drei mit dem Zusatz „BlueEFFICIENCY“. Dieser Zusatz wies auf den enormen Verbrauchsrückgang gegenüber der vorhergehenden Motorengeneration hin. So leistete der neue SLK 200 BlueEFFICIENCY zwar wie sein Vorgänger 135 kW (184 PS), verbrauchte mit Automatikgetriebe aber statt 8,0 nur noch 6,1 Liter auf 100 Kilometer, was einer Reduzierung von stattlichen 24 Prozent entsprach. Ähnlich das Bild beim SLK 350: Der Vorgänger leistete 224 kW (305 PS), der neue 225 kW (306 PS), aber der Verbrauch sank von 9,2 auf 7,1 Liter pro Kilometer, also um 23 Prozent. Wie ging das?

Bei den beiden Vierzylindermotoren des SLK 200 und SLK 250, beide mit dem identischen Hubraum von 1796 cm^3, sorgte nun ein Abgasturbolader für Druck. Einen weiteren Beitrag zur Verbrauchsreduzierung brachte die serienmäßige Start-Stopp-Automatik in allen Motorisierungen. Um ein schnelles Anspringen nach dem Abschalten des Motors zu gewährleisten, registrierte das Motorsteuergerät die Position der Kurbelwelle. So konnte beim Start schon direkt im passenden Zylinder eingespritzt werden.

Erstmals mit Start-Stopp-Automatik: verbrauchsreduzierter V6-Motor im SLK 350

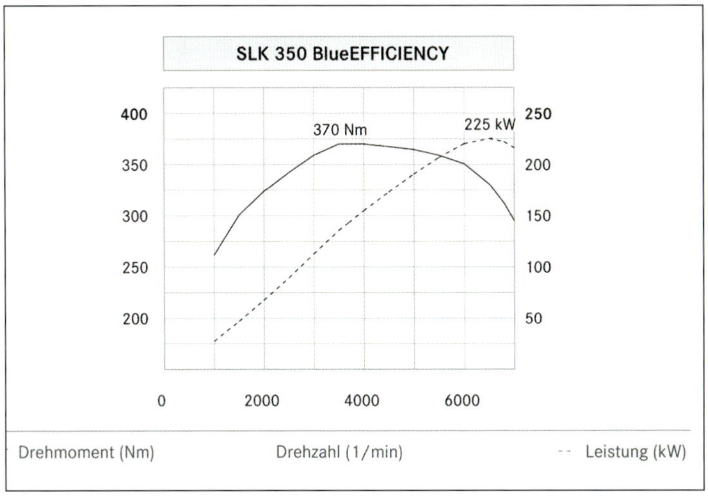

Leistungs- und Drehmoment-Diagramm SLK 350 BlueEFFICIENCY

Drei einzelne Kettentriebe im M 276

Der V6-Motor des SLK 350 gehörte der neuen Motorengeneration M 276 an. Der Zylinderwinkel betrug nicht mehr 90, sondern 60 Grad, dadurch konnte die Ausgleichswelle des Vorgängers entfallen. Das Direkteinspritzsystem mit strahlgeführter Verbrennung arbeitete mit einem Systemdruck von bis zu 200 bar. Neu entwickelte Piezo-Injektoren spritzen zur optimalen Gemischbildung kennfeldabhängig bis zu fünfmal während eines einzigen Ansaugtakts ein. Auch gezündet wurde gleich mehrfach während eines Arbeitstakts: Mit der „Mehrfachfunkenzündung" konnten innerhalb einer Millisekunde bis zu vier Funken ausgegeben werden. Die Nockenwellenversteller arbeiteten mit einem größeren Verstellbereich, verstellten schneller und waren kleiner und leichter als ihre Vorgänger. Der Nockenwellen-Antrieb erfolgte über einen zweistufigen Kettentrieb, der über eine Primärkette und ein Zwischenrad je eine kurze Sekundärkette pro Zylinderbank antrieb. Da sich jede Kette über einen eigenen Kettenspanner abstimmen ließ, waren niedrige Spannerkräfte, eine geringe Kettendynamik und damit stabile Steuerzeiten sowie ein leiser Lauf die Folge.

Auch das überarbeitete Siebengang-Automatikgetriebe 7G-TRONIC PLUS sorgte für eine Verbrauchsreduzierung. Es wies noch geringere interne Verluste auf, war mit einem Öl geringerer Viskosität befüllt und schaltete mit optimierter Software.

Dank des gesunkenen Verbrauchs konnte der Tank in der Serie von 70 auf 60 Liter verkleinert werden, in der Liste der Sonderausstattungen fand sich aber auch weiterhin ein 70-Liter-Tank.

Variodach – undurchsichtig, durchsichtig oder umschaltbar

Erstmals war für den SLK das Variodach gleich in drei Varianten lieferbar. Möglich wurde dies durch einen Magnesiumrahmen des Dachs, der zudem rund sechs Kilogramm leichter als beim Vorgängermodell war. Basisausführung war wie gewohnt ein in Wagenfarbe lackiertes Dach. Alternativ konnte ein Panorama-Variodach mit getönter Polycarbonatscheibe für 476 Euro gewählt werden. Der Clou war aber die Weltneuheit MAGIC SKY CONTROL für 2368 Euro. Hinter diesem nicht zu Unrecht magisch klingendem Namen verbarg sich ein Glasdach mit schaltbarer Transparenz – das heißt, ein Druck auf den Schalter in der Dachbedieneinheit machte das vorher dunkle Dach durchsichtig, der nächste Knopfdruck wieder undurchsichtig. Im dunklen Standardzustand, spendete das Dach Schatten und verhinderte das Aufheizen des Innenraums. In der dunklen Jahreszeit dagegen konnte ein transparentes Dach durchaus als Stimmungsaufheller dienen. Die grundlegende Technik dahinter ist schnell erklärt: In dem Glasaufbau befanden sich unzählige Partikel. Ohne Stromversorgung verteilten sich diese Partikel nach dem Zufallsprinzip, die Scheibe blieb dunkel. Wurde dagegen eine Spannung angelegt, richteten sich diese Partikel in Reih und Glied aus, durch die Lücken dazwischen konnte Licht einfallen, und die Scheibe wurde transparent.

Die Zeit für das Öffnen oder Schließen des Dachs war nun unter 20 Sekunden gesunken. Im Kofferraum befand sich ein Wendeboden,

Echt magisch: MAGIC SKY CONTROL oben mit, unten ohne Strom

Praktisch: Das Windschott konnte auf beiden Seiten des Wendebodens befestigt werden

mit dem sich je nach Einbaulage der Boden des Gepäckraums als ebene Fläche oder mit einer Vertiefung, zum Beispiel für den Transport von hohen Getränkekisten, gestalten ließ. Auf beiden Seiten des Wendebodens konnte das Windschott oder beispielsweise ein Regenschirm mittels elastischer Bänder befestigt werden.

Fahrwerk – drei Varianten zur Auswahl

Serienmäßig kam im neuen SLK eine konventionelle Stahlfederung zum Einsatz. Wer es gern etwas sportlicher wollte, konnte das Sportfahrwerk mit straffer abgestimmten Dämpfern, kürzeren Fahrwerkfedern, Drehstabilisatoren mit größerem Querschnitt und einem um zehn Millimeter abgesenkten Fahrzeugniveau für 262 Euro ordern. Die dritte Variante war das Fahrdynamik-Paket für 1416 Euro. Dieses beinhaltete neben der Direktlenkung ein Fahrwerk mit kontinuierlicher Verstelldämpfung, bei dem die Dämpfung von der Elektronik je nach Fahrsituation härter oder weicher eingestellt wurde. Der

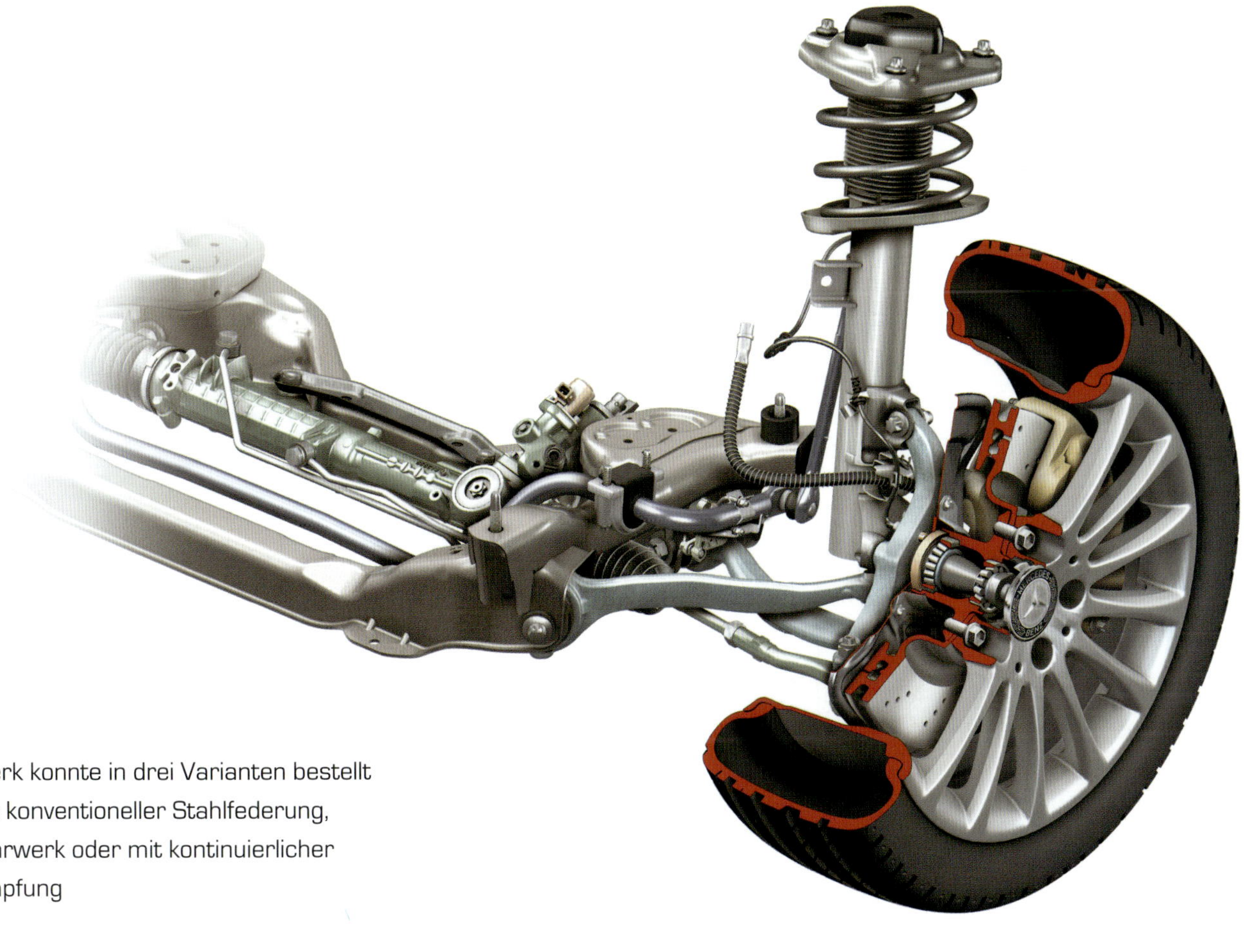

Das Fahrwerk konnte in drei Varianten bestellt werden: mit konventioneller Stahlfederung, als Sportfahrwerk oder mit kontinuierlicher Verstelldämpfung

Fahrer konnte über einen Schalter dabei den Grundcharakter des Fahrzeugs komfortabel oder sportlich wählen. In Stellung „C" entsprach der Komfort ungefähr dem des Standardfahrwerks, in Stellung „S" wurde das Fahrerlebnis erheblich dynamischer. Auch beim Fahrdynamik-Paket war das Fahrzeugniveau um zehn Millimeter abgesenkt. Zusätzlich enthalten war das System Torque Vectoring Brake. Erkannte das ESP ein drohendes Untersteuern (also ein Schieben über die Vorderräder), erfolgte ein einseitiger Bremseingriff am kurveninneren Hinterrad, was für zusätzliche Sicherheit im Grenzbereich sorgte.

Rohbau – Motorhaube und Kotflügel aus Aluminium

Um die Gewichtszunahme durch die gewachsenen Maße des SLK möglichst gering zu halten, bestanden die Motorhaube und die vorderen Kotflügel erstmals aus Aluminium, ebenso der Querträger der Instrumententafel und der Heckabschluss. Das Rückwandmodul bestand nun aus faserverstärktem Kunststoff. Durch diese Maßnahmen sank das Rohbaugewicht im Vergleich zum Vorgänger um rund 13 Kilogramm, das fahrwertige Gesamtgewicht stieg trotz der Größenzunahme nur um 45 Kilogramm.

Um die Reparaturkosten nach einem Frontalaufprall mit einer geringen Geschwindigkeit von bis zu 15 km/h möglichst niedrig zu halten, waren die vorderen Längsträger mit einer Trennstelle für eine Abschnittsreparatur versehen.

Aerodynamik – Feinarbeit im Detail

Auch aerodynamische Maßnahmen trugen ihren Teil zur Verbrauchsreduzierung bei. Obwohl die steilere Front und die größeren Außenmaße eine etwa drei Prozent größere Stirnfläche nach sich zogen, verringerte sich der Luftwiderstandsbeiwert bei geschlossenem Variodach von ehemals 0,32 auf 0,30. Dafür sorgten unter anderem eine Kühlerjalousie zur bedarfsgerechten Steuerung der Kühlluftmenge, besonders strömungsgünstig gestaltete Räder, neu gestaltete Außenspiegel sowie eine modifizierte A-Säulen-Verkleidung. Diese Blende sorgte nicht nur für eine eng anliegende Strömung und verringerte damit den Luftwiderstand, sondern

Noch einmal gesunken: Der Luftwiderstandsbeiwert bei geschlossenem Dach sank von ehemals 0,32 auf 0,30

Verklappt: Mit den drehbaren Kunststoffscheiben ließ sich der Wind für Fahrer und Beifahrer getrennt weitestgehend ein- und ausschalten

verbesserte auch noch die Aeroakustik und hielt die Außenspiegel und Seitenscheiben noch besser von Schmutz frei.
Zum nach wie vor erhältlichen Windschott, dem Netz im Rahmen, gab es nun eine fest montierte Alternative namens AIRGUIDE (333 Euro). An der Rückseite der Überrollbügel waren durchsichtige Kunststoffscheiben angebracht, die Fahrer und Beifahrer getrennt voneinander zur Zugluftreduzierung nach innen schwenken konnten. Und wer wollte, konnte die Rückseite der Überrollbügel gegen einen Aufpreis von 232 Euro mit Einlegern aus Aluminium verschönern lassen.

Scheinwerfer – erstmalig Intelligent Light System

Das Front-Erscheinungsbild war recht ausgeprägt von der gewählten Beleuchtung abhängig. Von Haus aus war der neue SLK wie sein Vorgänger mit eintubigen H7-Scheinwerfern ausgerüstet, im Stoßfänger saßen dann runde Tagfahrleuchten und Nebelscheinwerfer mit verchromten Blenden. Gegen einen Aufpreis von 1422 Euro waren wieder zweitubige Bi-Xenon-Scheinwerfer erhältlich, diese beinhalteten

Kleines Kunstwerk: Scheinwerfer mit Intelligent Light System

◢ **Autobahnlicht**

◢ **Landstraßenlicht**

◢ **Dynamisches Kurvenlicht**

◢ **Abbiegelicht**

◢ **Erweitertes Nebellicht mit Blendungsreduzierung**

Die fünf Lichtfunktionen des Intelligent Light Systems

aber nun – erstmalig im SLK – das Intelligent Light System. Dieses System bot fünf Lichtfunktionen: Abbiege-, Landstraßen-, Autobahn-, Kurven und erweitertes Nebellicht, die sich je nach Fahrsituation automatisch einschalteten. Wurde der SLK mit Intelligent Light System oder mit AMG Sportpaket bestellt, waren im Ausstattungsumfang horizontal aufgebaute LED-Tagfahrleuchten enthalten.

In den Heckleuchten fand sich keine einzige Glühlampe mehr, die Beleuchtung wurde ausschließlich von LEDs übernommen. Vorteil dieser Technik: LEDs leuchten im Vergleich zu herkömmlichen Glühlampen um zirka 150 Millisekunden schneller auf und haben eine deutlich höhere Lebensdauer.

Gesicht 1: Standardausführung mit H7-Scheinwerfer

Gesicht 2: mit Sonderausstattung Intelligent Light System

Sicherheit und Komfort – neue Assistenten in Serie oder als Sonderausstattung

Mit der Baureihe R 172 gehörte der ATTENTION ASSIST zur Serienausstattung. Dieser Aufmerksamkeits-Assistent erstellte zu Beginn jeder Fahrt ein individuelles Fahrerprofil und erkannte anhand von zahlreichen Messgrößen, besonders aber des Lenkverhaltens, wenn der Fahrer müde wurde. Dann signalisierte er durch ein akustisches Signal und die Display-Anzeige „Attention Assist: Pause" unter dem Symbol einer Kaffeetasse, dass es an der Zeit war, eine Pause einzulegen.

Ebenfalls zur Serienausstattung gehörte ADAPTIVE BRAKE. Diese Bremse verhinderte unbeabsichtigtes Zurückrollen am Berg, hielt das Auto auch ohne dauernde Bremsbetätigung im Stand, legte vorsichtshalber schon einmal die Bremsbeläge an die Scheiben, sobald der Fahrer abrupt vom Bremspedal ging und bremste bei Regen für den Fahrer nicht spürbar die Bremsscheiben trocken. Außerdem warnte sie mit ihrem adaptiven Bremslicht bei einer Notbremsung nachfolgende Autofahrer durch blinkende Bremsleuchten.

Anstatt des serienmäßigen Head-Thorax-Airbags war jetzt nur noch ein reiner Thorax-Airbag im Sitz verbaut. Den Kopfschutz übernahm im Fall der Fälle ein neu entwickelter Headbag, der in der Tür verbaut war und den Kopfaufprallbereich großzügig abdeckte. Bei einem Heckaufprall verringerte die neue crashaktive Kopfstütze NECK-PRO den Abstand zwischen Kopfstütze und Hinterkopf der Insassen, indem sie nach vorn schnellte. Dadurch ließ sich das Risiko eines Schleudertraumas mit seinen oft langwierigen Nackenverletzungen deutlich mindern. Und im Fall eines Zusammenstoßes mit einem Fußgänger konnte sich die Motorhaube augenblicklich um 85 Millimeter anheben. So entstand zusätzlicher Raum zwischen der Motorhaube und harten Bauteilen im Motorraum, was für den Kopf des Fußgängers ein vermindertes Verletzungsrisiko bedeutete.

Eine Klimaanlage gehörte jetzt zur Serienausstattung des SLK. Die Analoguhr kostete nun 262 Euro extra.

Erstmalig im SLK konnte für die Baureihe R 172 das schon aus einigen anderen Baureihen bekannte vorausschauende Insassenschutzsystem PRE-SAFE bestellt werden. Für 393 Euro verfügte der SLK über ein System, das, wenn es eine akute Unfallgefahr erkannte, zum Beispiel vorsorglich die Gurte von Fahrer und Beifahrer straffte und gegebenenfalls die vorderen Fenster schloss.

Ebenfalls erstmalig im SLK war als Sonderausstattung der radarbasierte Abstandsregel-Tempomat DISTRONIC PLUS (1845 Euro) inklusive PRE-SAFE Bremse und dem Brems-Assistenten BAS PLUS

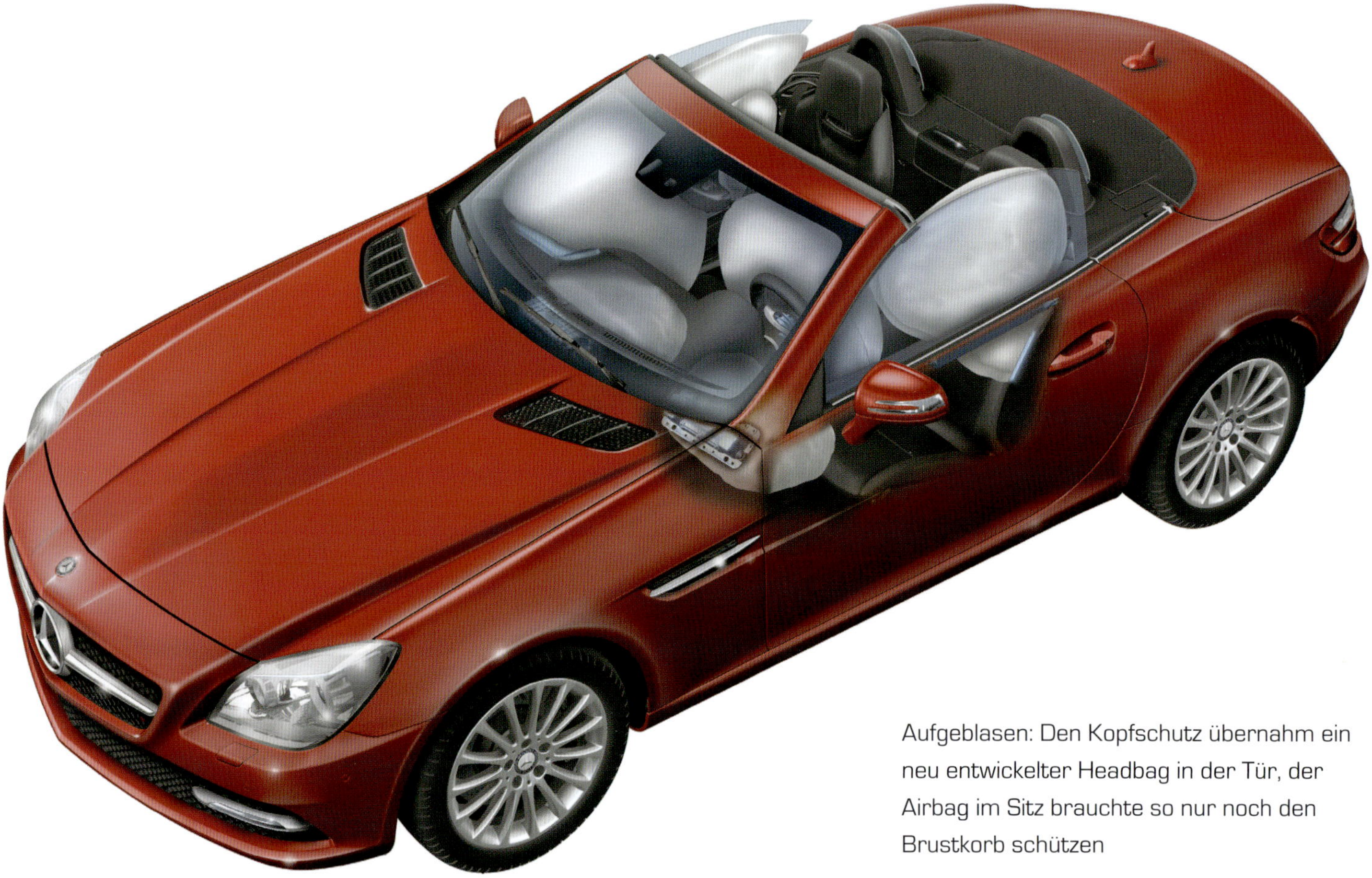

Aufgeblasen: Den Kopfschutz übernahm ein neu entwickelter Headbag in der Tür, der Airbag im Sitz brauchte so nur noch den Brustkorb schützen

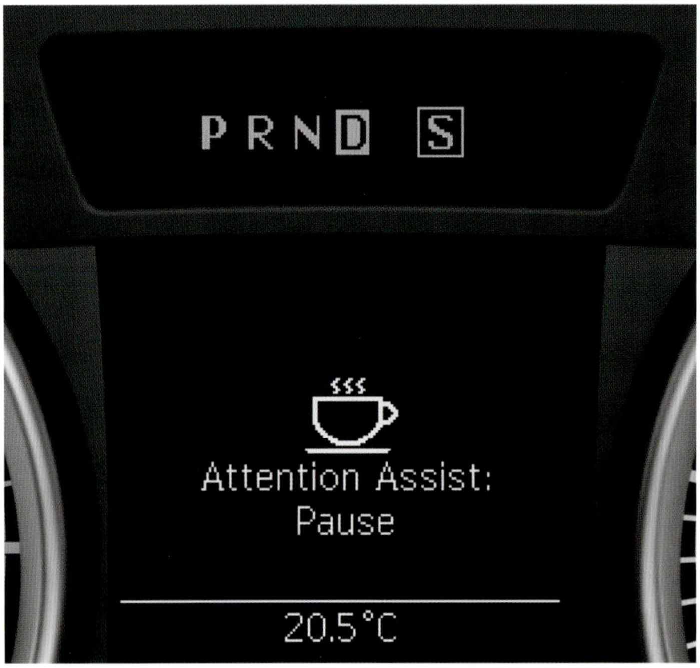

Mach mal Pause: Es muss ja nicht immer Kaffee sein – Wasser geht auch

Parkführung: sinnvolle Empfehlungen für den Einparkvorgang

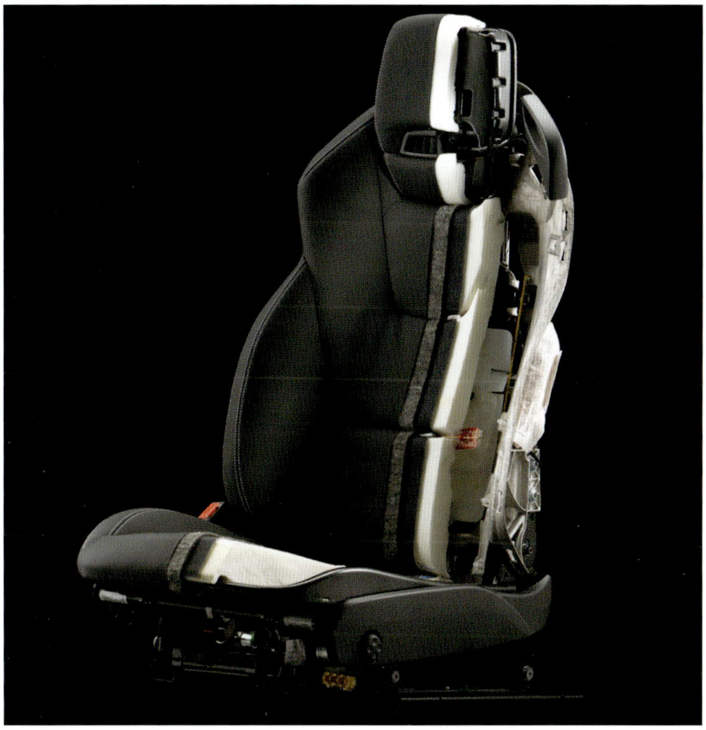

NECK-PRO: Im Fall eines Heckaufpralls schnellte die Kopfstütze nach vorn

Schlüsselloses Starten: erstmalig KEYLESS-GO im SLK verfügbar

im SLK erhältlich. Bei freier Fahrspur regelte das System die Geschwindigkeit auf die gesetzte Geschwindigkeit an. Näherte man sich einem vorausfahrenden Fahrzeug, wurde die Geschwindigkeit reduziert und dem vorausfahrenden Fahrzeug mit dem am Abstandsregler gewählten Wunschabstand gefolgt. Beschleunigte das vorausfahrende Fahrzeug wieder, folgte der SLK bis zur gesetzten Wunschgeschwindigkeit. Da das System im Geschwindigkeitsbereich von 0 bis 200 km/h funktionierte, war dies vor allem im Kolonnenverkehr für den Fahrer eine entspannende Angelegenheit. Denn der SLK bremste, wenn nötig, selbständig bis zum Stillstand ab und fuhr nach Antippen des Gaspedals oder Heranziehen des Tempomathebels auch wieder an – was natürlich nur bei Fahrzeugen mit Automatikgetriebe funktionierte.

Aber DISTRONIC PLUS bot auch eine nicht zu unterschätzende Sicherheitskomponente, denn wenn sich im oben genannten Beispiel der Abstand zu einem vorausfahrenden Fahrzeug zu schnell verringerte, warnte das System optisch und akustisch und forderte damit den Fahrer zum Bremsen auf. Bremste der Fahrer, baute das System nicht etwa gleich den maximalen, sondern nur genau den Bremsdruck auf, der nötig war, um noch vor dem vorherfahrenden Fahrzeug zum Stehen zu kommen. So blieb dem Hintermann eventuell noch etwas mehr Bremszone. Erkannte das System die akute Gefahr eines Auffahrunfalls und der Fahrer trat nicht aufs Bremspedal, bremste der SLK automatisch etwa 1,6 Sekunden vor dem berechneten Unfall mit rund 40 Prozent der maximalen Bremsleistung. Reagierte der Fahrer dann trotz erneuter Warnung immer noch nicht, wurde rund 0,6 Sekunden vor dem nun unvermeidbaren Unfall eine Vollbremsung ausgelöst. So wirkte dieses System wie eine elektronische Knautschzone, weil es die Aufprallschwere deutlich mindern konnte. Diese automatischen Bremsungen funktionierten im Geschwindigkeitsbereich 30 bis 200 km/h, wenn vorausfahrende Fahrzeuge erfasst wurden und sogar bei Annäherung an ein stehendes Auto, wenn der SLK nicht schneller als 70 km/h fuhr.

Die Sonderausstattung PARKTRONIC für 869 Euro umfasste nun auch eine Parkführung, deren Ultraschallsensoren im Vorbeifahren (bis Tempo 30) die Länge von Parklücken maßen und im Display den empfohlenen Einparkvorgang symbolisch darstellten.

Neu in der Liste der Sonderausstattungen war das System KEYLESS-GO (893 Euro), bei dem es zum Öffnen oder Schließen des Fahrzeugs genügte, den Schlüssel in der Tasche zu haben, der Motor wurde durch Druck auf den Startknopf gestartet.

Entertainment – der SLK geht online

Bei der Baureihe R 172 waren Display und Bedienelement vom eigentlichen Radiogerät getrennt. Der Monitor war sichtgünstig oben zwischen den Lüftungsdüsen angebracht, der neue Controller als zentrales Bedienelement saß leicht erreichbar auf der Mittelkonsole. In der Mittelkonsole fanden sich nun eine USB-Buchse und ein Aux-In-Anschluss.

Beim Serienradio Audio 20 hatte das Farbdisplay eine Diagonale von 5,8 Zoll (14,7 Zentimeter) und eine Auflösung von 400 x 240 Pixel. Wer kein Nachrüst-Navigationsgerät an der Windschutzscheibe befestigen wollte, konnte das Audio 20 mit dem Becker MAP PILOT für 893 Euro aufrüsten. Das Gerät wurde im Handschuhfach befestigt, die Navigations-Informationen waren auf dem Farbdisplay des Audio 20 zu sehen und über die Fahrzeuglautsprecher zu hören. Zusätzlich konnte sich der Fahrer einen Richtungspfeil und eine Entfernungsangabe in die Multifunktionsanzeige einblenden. Die Bedienung des Geräts erfolgte über den Controller auf der Mittelkonsole.

Die große Lösung war das COMAND online für 3070 Euro mit einem Bildschirm mit 7 Zoll Diagonale (17,8 Zentimeter) und einer Auflösung von 800 x 480 Pixel. Auf diesem Display ließen sich zum Beispiel die Cover der Titel auf dem zehn Gigabyte großen Musikspeicher karussellartig anzeigen, Fotos wie in einer Diashow umblättern oder – im Stand – Filme anschauen. Die Festplattennavigation konnte mit Stadtmodellen in 3D aufwarten, gefahrene Routen konnten aufgezeichnet und später wieder abgefahren werden, persönliche Sonderziele gespeichert oder über eine SD-Karte importiert werden (praktisch bei einem Fahrzeugwechsel) sowie

Zum ersten Mal getrennt: Der 7-Zoll-Monitor saß sichtgünstig zwischen den Lüftungsdüsen, der Controller griffgünstig auf der Mittelkonsole

Reichte damals: USB und Aux-In in der Mittelkonsole

vier alternative Routen angezeigt werden.
COMAND Online bot auch erstmals einen Internetzugang im SLK. Bei Anschluss eines datenfähigen Handys konnte man im Stand frei im Internet oder während der Fahrt zu speziellen online-Diensten von Mercedes-Benz surfen.

In COMAND Online war neben dem Sprachbediensystem LINGUATRONIC, mit dem sich die Navigation steuern, das Audiosystem bedienen, das Adressbuch aufrufen und eine Telefonverbindung herstellen ließ, auch ein Geschwindigkeitslimit-Assistent enthalten, der mittels einer Kamera an der Frontscheibe die Tempolimits auf den Schildern (übrigens in allen Ländern in Zentraleuropa) erkannte und auf dem Display im Cockpit oder dem zentralen Display anzeigte.
Audio 20 und COMAND Online waren gegen einen Aufpreis von 357 Euro auch mit einem Sechsfach-Wechsler bestellbar, der beim Audio 20 nur CDs, beim COMAND auch DVDs abspielte. Und erstmals war im SLK nun auch ein Empfänger für digitales Radio (488 Euro) lieferbar.

„Edition 1" – ab Marktstart

Zum Auftakt der Baureihe 172 bot Mercedes-Benz ein Sondermodell des Namens „Edition 1" an. Als SLK 200 kostete es 49.373, als SLK 250 54.478 und als SLK 350 62.403 Euro. Dies entsprach einem Aufpreis gegenüber den Basismodellen von über 10.000 Euro. Für

Sondermodell „Edition 1": Für den Aufpreis von über 10.000 Euro gab es AMG Styling, AMG Leichtmetallräder – und noch sehr viel mehr

Edel ausgestattet: Leder in designo titangrau pearl mit Ambiente-Beleuchtung Solar rot

dieses Geld gab es zum Beispiel eine zweifarbige Polsterung in designo Leder Titan Pearl, AIRSCARF, Ambientebeleuchtung, AMG Styling, titangrau lackierte und glanzgedrehte AMG 18-Zoll-Leichtmetallräder, Fahrdynamik-Paket, Panorama-Variodach und Plaketten mit dem „Edition 1"-Logo auf den Kotflügeln.

Sondermodell „pur" – nur zwei Monate

Vom 1. Juli bis 31. August 2011 war der SLK 200 als Sondermodell „pur" für 39.900 Euro erhältlich. Der SLK 200 war dann mit 18-Zoll-Leichtmetallrädern im 5-Doppelspeichendesign, Sportpaket, LED-Tagfahrlicht, Metallic-Lackierung, Lederausstattung und Sitzheizung aufgewertet, was einem Preisvorteil von immerhin rund 3600 Euro entsprach.

Umweltzertifikat – beispielhafte Öko-Bilanz

Im Mai 2011 verliehen die Prüfer des TÜV Süd dem SLK das Umweltzertifikat nach der ISO-Richtlinie 14062. Über den gesamten Lebenszyklus – von der Herstellung bis zur Nutzung über 200.000 Kilometer und Verwertung – verursachte der neue SLK nachweislich 20 Prozent weniger CO_2-Emissionen als noch sein Vorgänger. Schon damals erfüllte der SLK der Baureihe R 172 die ab 1. Januar 2015 vorgeschriebene Verwertungsquote von 95 Gewichtsprozent. So bestanden 68 Bauteile mit einem Gesamtgewicht von rund 35 Kilogramm aus hochwertigen recycelten Kunststoffen. 24 Bauteile mit einem Gesamtgewicht von über acht Kilogramm wurden aus Naturmaterialien, hauptsächlich Leder, Baumwoll- und Wollfasern, hergestellt. Und für die Produktion des Aktivkohlefilters der Tankentlüftung wurden Olivenkerne eingesetzt.

SLK 55 AMG – V8 mit Zylinderabschaltung

Im Januar 2012 wurde der neue SLK 55 AMG zu einem Preis von 72.590 Euro in den Markt eingeführt. Die 265 kW (360 PS) des Vorgängermodells waren ja schon eine Ansage, aber der neue SLK 55 AMG legte mit seinen nunmehr 310 kW (422 PS) noch eine ganze Schippe drauf. Dies war der leistungsstärkste SLK aller Zeiten – und das sollte auch in Zukunft so bleiben. Das Kraftpaket mit einem maximalen Drehmoment von 540 Newtonmetern beschleunigte in 4,6 Sekunden von null auf 100 km/h, die Höchstgeschwindigkeit war elektronisch auf 250 km/h begrenzt. Dennoch verbrauchte der neue, viel stärkere SLK 55 AMG mit 8,4 Liter auf 100 Kilometer stattliche 30 Prozent weniger als sein Vorgänger. Der Grund war, dass im neuen SLK mit dem Motor M 152 ein komplett anderer V8-Motor arbeitete – ohne Aufladung und mit Zylinderabschaltung. Speziell die Zylinderabschaltung steigerte den Wirkungsgrad deutlich, und das funktionierte so: Wenn der Fahrer das Fahrprogramm „C“ gewählt hatte, schalteten sich im Teillastbereich die Zylinder zwei, drei, fünf und acht ab. Dafür wurden alle Ventile dieser Zylinder geschlossen und die Benzinzufuhr und Zündung unterbrochen. Sobald der Fahrer aufs Gaspedal trat, schalteten sich die anderen vier Zylinder blitzschnell zu – bei einer Motordrehzahl von 3600/min dauerte dieser Vorgang gerade einmal 30 Millisekunden. Das System funktionierte im Drehzahlbereich von 800 bis 3600/min, eine Anzeige im Kombi-Instrument informierte darüber, ob der Motor gerade im Vierzylinderbetrieb („ECO4“) oder Achtzylinderbetrieb („ECO8“) lief.

Einen weiteren Anteil an der Verbrauchsreduzierung hatte die Start-Stopp-Automatik. In den beiden dynamisch orientierten Fahrprogrammen „S“ und „M“ waren Zylinderabschaltung und Start-Stopp- Automatik deaktiviert. Beide Systeme ließen sich aber auch im Fahrprogramm „C“ abschalten.

Erstmals kam im SLK 55 AMG eine Sport-Abgasanlage mit je einer Abgasklappe pro Seite zum Einsatz. Diese blieben bei niedrigen Las-

Der Gipfel: Der SLK 55 AMG wird mit seinen 422 PS wohl der leistungsstärkste SLK aller Zeiten bleiben

Macht einfach Spaß: Der SLK 55 AMG war ein ausgewachsener Sportwagen. Und dank Klappen-Auspuffanlage hörte man, was man fuhr – natürlich im gesetzlichen Rahmen

Mächtiger Sauger: Bei 5,5 Litern Hubraum brauchte es keinen Kompressor, um 422 PS bereitzustellen

Mal vier, mal acht Zylinder: V8-Motor M152 mit Zylinderabschaltung

Gentleman´s Interieur: dezent, aber sportlich mit abgeflachtem Lenkrad

ten und Drehzahlen unter 2000/min geschlossen und öffneten sich bei höheren Lasten und Drehzahlen. Die Geräuschentwicklung hielt sich aber auch dann natürlich im gesetzlichen Rahmen.
Mit dem als Sonderausstattung lieferbaren AMG Handling Package für 4641 Euro ließ sich die Sportlichkeit des SLK 55 AMG noch weiter steigern. Es umfasste ein straffer abgestimmtes Fahrwerk, jetzt auch ein Hinterachs-Sperrdifferenzial, Bremsscheiben in Verbundtechnik vorn und ein Lenkrad im Drei-Speichen-Design in Nappaleder mit Alcantara-Einsätzen im Griffbereich.
Auch der SLK 55 AMG war als „Edition 1" lieferbar. Zur Wahl standen die drei Lackfarben designo magno Kaschmirweiß, Diamantweiß bright und Obsidianschwarz metallic. Die Leichtmetallräder waren mattschwarz lackiert und hatten ein glanzgedrehtes Felgenhorn. Das Interieur war in zweifarbigem designo Leder Exklusiv in Platinweiß pearl gehalten. Der SLK 55 AMG kostete als „Edition 1" 85.520 Euro, mit der Lackierung designo magno Kaschmirweiß 89.447 Euro.

SLK 250 CDI – der erste SLK mit Dieselmotor

Ab Anfang 2012 war der SLK 250 CDI lieferbar und verwirklichte damit doch noch die Vision eines SLK mit Selbstzündermotor, wie sie schon sieben Jahre zuvor als 210 kW (286 PS) starke Studie auf dem Genfer Automobilsalon 2005 präsentiert wurde. Der mit Partikelfilter ausgestattete Diesel kostete 41.828 Euro und damit exakt so viel wie der mit 150 kW (204 PS) gleich starke SLK 250 zu diesem Zeitpunkt. Sein maximales Drehmoment von 500 Newtonmetern erreichte er bereits bei der Drehzahl von 1600/min.

Dieselmotor und Sportwagen passen nicht zusammen? Der SLK 250 CDI beschleunigte von null auf 100 km/h in 6,7 Sekunden, die Höchstgeschwindigkeit betrug 243 km/h. Diese Werte galten für den SLK 250 CDI mit Automatikgetriebe, die Einführung der Version mit Sechsgang-Schaltgetriebe erfolgte Mitte 2012.

Doch die Vorteile dieser Motorisierung lagen natürlich nicht nur in seiner Drehmomentstärke, sondern auch in seiner Effizienz. Bei einem Normverbrauch von 4,9 Litern setzte er mit einer Reichweite von 1200 Kilometern neue Maßstäbe.

Dass ein Dieselmotor in einem Sportwagen durchaus funktionieren konnte, hatte Mercedes-Benz schon 1976 gezeigt. Ein durch Turboaufladung von 59 kW (80 PS) auf 140 kW (190 PS) gedopter Fünfzylinder-Dieselmotor trieb den orangenen Flügeltürer C 111-II D mit einer Durchschnittsgeschwindigkeit von 252 km/h über das Hochgeschwindigkeitsoval im süditalienischen Nardo – Weltrekord. Der große Unterschied zum SLK 250 CDI allerdings: Der C 111 ging nie in Serie.

Drehmoment im Überfluss: Die 500 Newtonmeter ermöglichten eine ebenso entspannte wie sportliche Fahrweise

Früher Versuch: Mercedes experimentierte bereits 1976 mit einem Dieselsportwagen, mit dem C 111-II D

Ab durch die Mitte:
Der SLK taugte schon immer
für kleine und große Fluchten

S MB 2300

Seitenblick: der SLK und die Promis

Der große Bruder des SLK, der SL, hatte zahlreiche Auftritte in bekannten Filmen und Serien: Ein Fisch namens Wanda“, „Magnum“, „Dallas“, „Desperate Housewifes“ – um nur einige zu nennen. Doch auch der SLK schaffte es in einige Filme. So spielte der R 170 im Tatort „Norbert“ von 1997 eine Rolle, und in der deutschen Actionserie „Helicops – Einsatz über Berlin“ war ein blauer R 170 das Auto der Hauptdarstellerin Doreen Jacobi. Auch in der deutschen TV-Serie „Alarm für Cobra 11“ hatte der R 170 einige Auftritte.
Der Nachfolger R 171 hatte seinen wohl prominentesten Auftritt in einer kurzen Szene des Kinofilms „Bad Teacher“, in dem die Schauspielerin Cameron Diaz einen roten SLK (hauptsächlich rückwärts) bewegte. In dem deutschen Spielfilm „Schwarzwaldliebe“ von 2009 fuhr die Schauspielerin Claudine Wilde mit ihrem silbernen R 171 in den Schwarzwald. In der Zeichentrick-Serie „The Simpsons“ wurde Kirk van Houten, ein Freund der Simpson Familie, geschieden und kaufte sich daraufhin einen SLK. Ansonsten war dieses Modell in auffallend vielen Filmen von Rosamunde Pilcher vertreten.

Nach getaner Arbeit ist gut freuen: Bastian Schweinsteiger, Tim Wiese und Thomas Müller (von links nach rechts)

Rutschpartie: André Schürrle und Mats Hummels hatten sichtlich Spaß

Der R 172 wurde 2012 in einer Folge von „Alarm für Cobra 11“ gefahren, ansonsten spielte er filmtechnisch bisher noch keine große Rolle.
Wer sich mit diesem kurzen Ausflug in die Filmwelt noch nicht zufriedengeben möchte, sollte im Internet die Seite www.imcdb.org besuchen. Hier tragen Enthusiasten aus aller Welt solche Fahrzeug-Informationen zusammen, übersichtlich nach Marken und Modellen sortiert. Hier kann man nicht nur die oben genannten Informationen finden, sondern zum Beispiel auch, dass ein silberner R 170 am Anfang eines Musikvideos aus dem Jahr 2003 von zwei Sängern der philippinischen Band Parokya Ni Edgar im Song „The Yes Yes Show“ gefahren wurde. Dieses Video ist übrigens immer noch auf www.youtube.com zu finden.
Ebenso findet man auf youtube ein Video, in dem Nico Rosberg, Formel 1 Weltmeister 2016, zusammen mit SLK Entwickler Michael Scheer 2010 eine Erprobungsfahrt im getarnten R 172 durch Monaco unternahm. Und noch ein weiterer Kontakt des SLK mit der Prominenz: Im Frühjahr 2011 hatte die deutsche Fußballnationalmannschaft die Gelegenheit, den neuen SLK auf der ADAC-Sicherheitsrennstrecke in Grevenbroich zu testen.

Lagebesprechung: Holger Badstuber bekommt Instruktionen vom ehemaligen Formel 1-Fahrer Jochen Mass

Wie im richtigen Leben: immer machen, was der Trainer sagt

Der SLK von 2012 bis 2015

Baureihe R 172

Der SLK von 2012 bis 2015
Baureihe R 172

2012: Fahrerassistenzpaket mit Totwinkel- und Spurhalte-Assistent

In der neuen Sonderausstattung „Fahrerassistenz-Paket“ für 2320 Euro war ab Mitte 2012 neben DISTRONIC PLUS ein Totwinkel- und ein Spurhalte-Assistent enthalten. Der Totwinkel-Assistent überwachte mittels zweier Radarsensoren im hinteren Stoßfänger den Bereich hinter dem Fahrer. Erkannte das System ein anderes Fahrzeug im toten Winkel, leuchtete ein rotes Dreieck im jeweiligen Außenspiegel auf. Zudem ertönte ein zweifacher Warnton, wenn der Fahrer die Spur in diese Richtung wechseln wollte und den Blinker setzte. Der Spurhalte-Assistent erkannte mittels einer Kamera das Überfahren von Fahrbahnmarkierungen und warnte den Fahrer über Vibrationen im Lenkrad vor dem ungewollten Verlassen der Fahrspur.
Das Intelligent Light System enthielt nun zusätzlich einen adaptiven Fernlicht-Assistenten, der es dem Fahrer ersparte, bei Gegenverkehr ständig daran denken zu müssen, abzublenden – dies übernahm der Assistent vollautomatisch. Die Audiosysteme Audio 20 und COMAND Online erhielten ein neues Farbdesign in Silbergrau. Ab Mitte 2012 waren die SLK mit der automatischen Notruffunktion „eCall“ ausgerüstet, sofern sich der Käufer ein COMAND System geleistet hatte. Der Notruf an die Mercedes-Benz Notrufzentrale konnte manuell ausgelöst werden, aktivierte sich aber automatisch, wenn das Rückhaltesystem des Fahrzeugs einen Unfall erkannt hatte.
Die Sonderausstattung Media-Interface war nun um neue Funktionen wie zum Beispiel „Coverflow“ erweitert, bei dem die Titel der Musikalben karussellartig angezeigt wurden, wie es auch schon bei COMAND Online möglich war.
Das Kombi-Instrument erhielt eine neue ECO-Anzeige, die den Fahrer darin unterstützen konnte, besonders sparsam unterwegs zu sein, wenn er es wollte. Der Multifunktionshebel für Blinker und Scheibenwischer wanderte nach unten, dafür der Tempomathebel nach oben. Und der Metallic-Lack Diamantsilber ersetzte Perlbeige, neu hinzu kam der Uni-Lack Calzit-weiß.

Integration: Media-Interface zur Einbindung zum Beispiel eines iPads

Hilfe beim Sparen: ECO-Anzeige mit Diagnose der Fahrweise

2013: Panorama-Variodach Serie, AMG Line und Sport-Paket

Ab Anfang 2013 gehörte das bisher aufpreispflichtige Panorama-Variodach zur Serienausstattung, fortan gab es beim SLK kein durchlackiertes Wagendach mehr.
Auch die etwas sperrige Zusatzbezeichnung „BlueEFFICIENCY“ der einzelnen Modelle entfiel – natürlich aber nicht die damit ausgedrückte Sparsamkeit der Motoren.
Das bisherige „Sport-Paket AMG“ erhielt den Namen „AMG Line“. Dafür trat zusätzlich das neue „Sport-Paket“ auf den Plan, das auf das AMG Styling verzichtete und sich auf die inneren sportlich-technischen Features beschränkte.
Gegen Ende 2013 wurde COMAND Online durch Live Traffic zur aktuelleren und präziseren Stauvorhersage aufgewertet. Im Gegensatz zu den bisher genutzten Datenquellen TMC und TMCpro, die über

Edle Sonderausstattung: AMG Zierelemente Carbon

Fortan durchsichtig: Ab Anfang 2013 gehörte das Panorama-Variodach zur Serienausstattung, das durchlackierte Wagendach entfiel

das Radio empfangen wurden, nutzte dieser Dienst eine schnelle Internetverbindung zur Übertragung der Verkehrsdaten, die von anderen Fahrzeugen ausgesendet wurden. Dazu war im Fahrzeug ein Modul mit einer eigenen SIM-Karte installiert.

In der Farbpalette ersetzte der Uni-Lack Polarweiß das bisherige Calzitweiß, außerdem gab es für 1797 Euro die neuen AMG Zierelemente Carbon.

2014: Sondermodell „CarbonLOOK Edition"

Das 2014 präsentierte Sondermodell „CarbonLOOK Edition", ohne Aufpreis wahlweise in Schwarz oder Weiß lackiert, bot im Exterieur unter anderem die AMG Line, titangrau lackierte und glanzgedrehte AMG 18-Zoll-Leichtmetallräder und entsprechende Plaketten in den Spiegeldreiecken. Innen fanden sich das Kombi-Instrument aus dem Sport-Paket, AMG Zierelemente Carbon, AIRSCARF, Sitzheizung und Überrollbügel in Aluminiumdesign. Die Polsterung der Sitze bestand aus zweifarbigem Nappaleder (schwarz und grau), die Kopfstützen waren carbongeprägt. Während bei den bisherigen Sondermodellen meist rote Nähte mit schwarzem Leder kontrastierten, kam hier Grün zum Einsatz: an den Sitzen, den Türen und den Fußmatten. Der SLK 200 kostete als „CarbonLOOK Edition" 46.261, der SLK 250 49.058, der SLK 350 59.530 und der SLK 250 CDI 46.856 Euro. Auch der SLK 55 AMG war als Edition lieferbar (80.504 Euro). Hier konnte der Käufer sogar ein schwarzes Dach wählen – ein schöner Kontrast zum gegebenenfalls weißen Auto.

Die Sonderausstattung COMAND Online enthielt nun eine digitale Betriebsanleitung. Bei allen Modellen wurde die Glühlampe zur Beleuchtung des Kennzeichens von einer LED-Beleuchtung abgelöst. Das Wort „ECO" auf der Betätigungstaste für die Start-Stopp-Automatik wurde durch das ISO-Zeichen (A mit einem kreisförmigen

Schwarze Schönheit: Sondermodell „CarbonLOOK Edition"

Mit Pfiff: Die grünen Ziernähte bildeten einen besonderen Akzent

Sehr sportlich: Carbongeprägte Kopfstützen

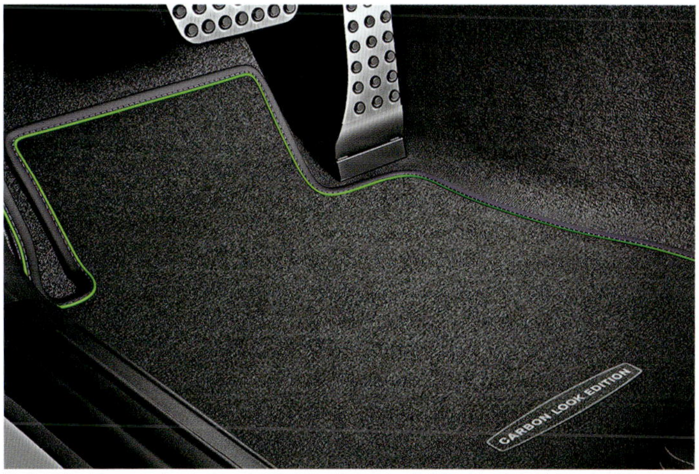

Fast schon zu schade zum Betreten: spezielle Fußmatten

Pfeil darum) ersetzt. Und die Reifendruckkontrolle, die den über Sensoren erfassten Reifendruck aller vier Räder im Multifunktionsdisplay anzeigte und im Vorjahr erstmalig gegen einen Aufpreis von 363 Euro angeboten wurde, gehörte nun zur Serienausstattung und ersetzte die bisherige Reifendruck-Verlustwarnung.

2015: Neungang-Automatikgetriebe, SLK 300

Der SLK 200 war serienmäßig mit einem neuen Sechsgang-Schaltgetriebe ausgerüstet, das mit einem höheren Schaltkomfort und noch präziseren Schaltwegen aufwartete. Das maximale Drehmoment des SLK 200 betrug nun 300 Newtonmeter und damit 30 mehr als vorher.

Der SLK 300 mit dem neuen Motor M 274 löste den SLK 250 mit dem Motor M 271 ab. Der SLK 300 war 180 kW (245 PS) stark und leistete damit 30 kW (41 PS) mehr als der SLK 250, gleichzeitig stieg das maximale Drehmoment um 60 auf 370 Newtonmeter. Nun erfüllten alle Motoren des SLK die Abgasnorm EU6.

Die Bezeichnung des SLK mit Dieselmotor änderte sich im Rahmen der allgemeinen Umbenennung der Mercedes-Benz Personenwagen von SLK 250 CDI zu SLK 250 d. Doch das war nicht die einzige Änderung bei dieser Motorisierung. Der Motor erhielt eine BlueTEC Abgasreinigungsanlage, bestehend aus Oxidationskatalysator, Partikelfilter, AdBlue Einspritzung und SCR-Katalysator. Wegen des dazu gehörigen 24,5-Liter-Vorratsbehälters für die AdBlue Flüssigkeit wanderte der TIREFIT Kompressor samt der Flasche mit dem Reifendichtmittel aus der Reserveradmulde an die linke Seite des Kofferraums. Der SLK 250 d stieß dank noch einiger anderer innermotorischer Maßnahmen nur noch 114 Gramm CO_2 pro Kilometer aus und verbrauchte 4,4 Liter auf 100 Kilometer – das waren noch einmal 0,4 Liter weniger als vorher. Auch der Mercedes-Benz SLK 55 AMG wurde umbenannt (wie fortan alle Modelle von AMG) – er hieß jetzt Mercedes-AMG SLK 55 und war damit der Submarke Mercedes-AMG klar zugeordnet.

Erstmals wurde im SLK ein Neungang-Automatikgetriebe namens 9G-TRONIC eingesetzt – serienmäßig im SLK 300 und 250 d und gegen einen Aufpreis von 2473 Euro auch im SLK 200 erhältlich. Die weite Spreizung der Gänge erlaubte eine deutliche Absenkung des Drehzahlniveaus und steigerte so nicht nur die Effizienz, son-

Jetzt Serie: stabförmiges LED-Tagfahrlicht

Neunganggetriebe 9G-TRONIC: serienmäßig im SLK 300 und SLK 250 d

dern sorgte auch für ein niedrigeres Geräuschniveau. Besonders in den Schaltprogrammen „Sport“ und „Sport Plus“ sowie im manuellen Modus reagierte das neue Automatikgetriebe nochmals deutlich schneller als das bisherige Siebengang-Getriebe. Trotz der zwei zusätzlichen Gänge benötigte das neue Getriebe nicht mehr Bauraum und war zudem leichter. Verbunden mit der Einführung der 9G-TRONIC gab es einen neu gestalteten DIRECT SELECT Wählhebel auf der Mittelkonsole sowie Schaltpaddles am Lenkrad.

Bei allen Vierzylinder-Motoren ersetzte ein elektrohydraulisch unterstütztes Lenkgetriebe die bisherige dauerhaft aktive hydraulische Servo-Unterstützung. Die Servo-Unterstützung wurde also nur noch aktiv, wenn sie auch wirklich benötigt wurde. Auch dies führte zu einer Verbrauchsminderung.

Die Sonderausstattung DISTRONIC PLUS enthielt nun den Aktiven Brems-Assistenten „COLLISION PREVENTION ASSIST PLUS“, der mittels Radarsensorik Unfallgefahren erkannte. Wurde der Fahrer bei erkannter Kollisionsgefahr trotz Warnleuchte im Kombi-Instrument und Intervallton nicht aktiv, leitete das System bis zu Geschwindigkeiten von 200 km/h eine autonome Bremsung ein. So konnte der Aktive Brems-Assistent die Unfallschwere mit langsamer fahrenden oder anhaltenden Fahrzeugen verringern, im besten Fall die Kollision sogar noch vermeiden. Bis zu einer Geschwindigkeit von 50 km/h bremste das System auch auf stehende Fahrzeuge und konnte dadurch bis 40 km/h Auffahrunfälle vermeiden.

Das bisher als Sonderausstattung erhältliche LED-Tagfahrlicht wurde Serienausstattung und ersetzte die bisherige Lösung mit den runden Nebelscheinwerfern. Wer die Sonderausstattung „Komfort-Telefonie“ wählte, erhielt eine LTE-fähige Außenantenne. Die Sonderausstattung „Komfortbedienung des Variodachs“ gehörte ab jetzt zum Umfang von KEYLESS-GO und musste in diesem Fall nicht mehr extra bestellt werden. Und um auch diese Kleinigkeiten nicht zu vergessen: Die Metallic-Farbe Selenitgrau ersetzte Palladiumsilber und Tenoritgrau, neu hinzu kam der matte Speziallack Cerrusitgrau magno.

Motor M 274: trieb mit 245 PS den neuen SLK 300 an

Seitenblick: Jürgen Frank – mehr als ein halbes Berufsleben SLK

Jürgen Frank leitete die Konstruktion des SLK von der ersten Stunde an bis zu seinem Renteneintritt im Jahr 2016, also stolze 24 Jahre lang.

Herr Frank, was waren damals die Entwicklungsziele für den SLK?
Das Ziel war klar umrissen: einen kompakten Roadster zu konstruieren, der deutlich günstiger als der SL werden musste. Dieses Auto sollte zum einen das Portfolio von Mercedes-Benz und damit die Marke verjüngen und zum anderen auch den Anteil von weiblicher Kundschaft deutlich erhöhen.

Konnten Sie sich bei der Konstruktion auf die Plattform der C-Klasse stützen oder begannen Sie sprichwörtlich auf einem weißen Blatt?
Das war das weiße Blatt, der Rohbau und die Ausstattungsumfänge waren komplett neu. Wo es ging, passten wir Teile der C-Klasse an, zum Beispiel adaptierten wir die Achsen aus der C-Klasse, aber das hielt sich in sehr engem Rahmen.

Wie lange dauerte dann die Entwicklung?
Wir begannen 1992 mit der Entwicklung. 1994 mit der Präsentation der beiden Showcars stand die endgültige Form eigentlich schon fest, auch die komplizierte Dachmechanik war bereits fertig konstruiert. Bis zur Markteinführung im Jahr 1996 vergingen von Entwicklungsbeginn an also nur etwas über vier Jahre, für heutige Verhältnisse eine extrem kurze Zeit.

Was speziell taten Sie denn für die weibliche Kundschaft?
Da fallen mir spontan zwei Features ein: TIREFIT, denn vielleicht wechseln Frauen noch etwas weniger gern Reifen als Männer. Und die automatische Kindersitzerkennung im Beifahrersitz.

Wenn Sie heute eine Gebrauchtberatung machen sollten, welche Baureihe würden Sie besonders zum Kauf empfehlen?
Die erste Baureihe, der 170er, hat schon das Zeug zum Klassiker, was sich bereits an steigenden Preisen abzeichnet. Der bei offenem Dach etwas kleine Kofferraum kann allerdings je nach Einsatzzweck die Alltagstauglichkeit etwas beeinträchtigen. Ab der Baureihe 171 war der Kofferraum größer, außerdem war ab jetzt der warme Luftschal AIRSCARF erhältlich, was für ein Cabrio eine äußerst sinnvolle Sonderausstattung ist. Und natürlich hat die aktuelle Baureihe die stärksten und dennoch sparsamsten Motoren. Und die Dieselmotorisierung ist auch nur im 172er erhältlich. Wie immer ist die Entscheidung also vom Geldbeutel und den persönlichen Vorlieben abhängig.

Erfülltes Berufsleben: von 1996 bis 2016 im Dienst des SLK

26 Jahre lang Sportwagen, davon 24 Jahre SLK beziehungsweise später SLC – gab es da nie den Wunsch, beruflich einmal etwas Anderes zu machen?
Es hätte da schon einige Möglichkeiten gegeben, aber warum hätte ich mich verändern sollen? Sportwagen ganzheitlich für Mercedes-Benz zu entwickeln, war für mich der schönste Job der Welt. Ich hatte die beste Mannschaft, ein kompaktes Team von zirka 35 Mitarbeitern mit Sportsgeist. Wir haben miteinander gekämpft, und wir haben miteinander gefeiert.

Das hört sich nach einem erfüllten Berufsleben an. Hätten Sie denn auch eine Anekdote aus diesen Jahren für uns?
Ja, habe ich. Wissen Sie, wieso bei der Konstruktion des R 172 wegen des Cupholders die vorderen Radschrauben vergrößert werden mussten?

Nein, klären Sie uns auf.

Bei der Baureihe 171 war der Cupholder noch ausklappbar vor den Luftausströmern oberhalb des COMAND Systems angebracht. Wer dort seinen vollen Kaffeebecher ohne Deckel abstellte und nicht entsprechend vorsichtig fuhr, kippte den Kaffee über den Bildschirm, was im schlimmsten Fall recht teuer werden konnte. Daher war das Ziel: Der Cupholder musste in die Mittelkonsole wandern. Dort war aber der Hebel der Handbremse. Damit der verschwinden konnte, musste eine elektrische Feststellbremse her. Die gab es allerdings nur in Verbindung mit den Hinterachsköpfen der C-Klasse der Baureihe 204. Und die waren mit Gewinde M 14 ausgestattet. Der SLK hatte bis dato aber Radschrauben der Dimension M 12. Zwei unterschiedliche Gewindegrößen wollten wir nicht verwenden, also wurde auch vorn auf M 14 umgestellt.

Vita Jürgen Frank: geboren 1954 (im Jahr des 300 SL Flügeltürers) im schwäbischen Geislingen, Studium Maschinenbau an der Universität Stuttgart, 1978 Eintritt bei der Daimler-Benz AG als Konstrukteur Vorentwicklung Automatikgetriebe, 1984 Gruppenleiter Fahrdynamiksysteme, 1988 Assistent in der Leitung des Geschäftsfeldbereichs Pkw, 1990 Hauptgruppenleiter Sportwagen, 1996 bis 2016 Abteilungsleiter Konstruktion Sportwagen.

Jürgen Frank: leitete 24 Jahre lang die Konstruktion des SLK

Der SLC ab 2016

Modellpflege Baureihe R 172

Der SLC ab 2016

Modellpflege Baureihe R 172

Der modellgepflegte SLK kam rund fünf Monate vor seinem exakten 20-jährigen Jubiläum, nämlich am 16. April 2016, zu den Händlern, bestellbar war er ab dem 18. Januar.
Rund 670.000 SLK waren in den 20 Jahren verkauft worden. Doch mit der Modelbezeichnung SLK war nun Schluss, denn mit dieser Modellpflege hatte der kompakte Roadster im Rahmen einer übergreifenden Nomenklaturänderung seinen Namen gewechselt: Ab jetzt hieß er SLC, um mehr auf die Verwandtschaft zur C-Klasse hinzuweisen. Vor dem gleichen Hintergrund wurde zum Beispiel auch der GLK, das in der C-Klasse amtierende SUV, in GLC umbenannt.

Design – Diamantgrill, Scheinwerfer mit „Augenbraue“

Alle SLC streckten jetzt serienmäßig einen schwarzen Diamantgrill mit einer silbernen Lamelle in den Wind. Die neuen Scheinwerfer beinhalteten nun auch das Tagfahrlicht, das als neues Stilmerkmal wie eine Augenbraue den Scheinwerfer im oberen Bereich abschloss. Dieser mehrfunktionale Lichtleiter beinhaltete neben dem Tagfahrlicht auch den Blinker und den Willkommensgruß des SLC, der beim Aufschließen kurz blau aufleuchtete. Und damit die Front

Markantes Erkennungszeichen ab 2016: schwarzer Diamantgrill mit silberner Lamelle. Tagfahrlicht in die Scheinwerfer integriert

des SLC möglichst unbeschädigt blieb, gehörte der Aktive Brems-Assistent, vorher noch Bestandteil der Sonderausstattung DISTRONIC PLUS, jetzt zur Serienausstattung.

Der untere Bereich des Stoßfängers war mit einer Chromspange abgeschlossen. Bei der Sonderausstattung Intelligent Light System waren der Randbereich und Teile des Scheinwerfergehäuses schwarz. Der Diffusor am Heck war ebenfalls in Schwarz gehalten, und auch die Heckschürze wurde nach unten von einer Chromspange begrenzt. Die Außenkontur der LED-Heckleuchten war neu gestaltet und zog sich weiter in das Seitenteil hinein als beim Vorgänger.

Das Lenkrad war im Griffbereich perforiert, und die roten Zeiger der beiden Rundinstrumente drehten sich auf schwarzen statt auf silbernen Zifferblättern. Das Display zwischen den beiden Lüftungsdüsen maß nun auch in der Serienausstattung sieben Zoll in der Diagonalen, so wie es vorher nur zur Sonderausstattung COMAND Online eingesetzt wurde. Die Alu-Zierteile in der Mittelkonsole und an den Türen erhielten einen neuen Strukturschliff, der nicht nur anders aussah, sondern auch unempfindlicher gegen Kratzer war. In Verbindung mit der Neungang-Automatik fand sich auf der Mittelkonsole nun ein Gangwählhebel mit SLC Prägung, der ein wenig wie ein Joystick aussah. Um den Fahrer beim Rückwärtsfahren oder Einparken zu unterstützen, bot sich eine Rückfahrkamera als Sonderausstattung an. Sie war im Griff des Heckdeckels angebracht, und die schützende Klappe vor der Kamera öffnete sich erst, wenn der Rückwärtsgang eingelegt wurde.

Die Sonderausstattung „Ambientebeleuchtung“ verteilte ihr Licht nun auch im Fußraum, außerdem konnte der Fahrer je nach Gusto nun neben Solarrot auch Polarblau oder Polarweiß einstellen. Und apropos Licht: War die Sonderausstattung „Spiegel-Paket“ (643 Euro) gewählt, machte es sich im Dunkeln sehr gut, wenn der SLC entriegelt wurde. Dann nämlich leuchtete publikumswirksam eine Projektion des Logos von Mercedes-Benz auf der Straße.

Der Vorgänger zur Erinnerung: hier mit den stabförmigen LED-Tagfahrlichtern in der Frontschürze

Strahlende Akzente: Front- und Heckschürze nun unten von einer Chromspange abgeschlossen

Auffällig: neuer Joystick zur Bedienung des Automatikgetriebes. Instrumente nun mit schwarzen Ziffernblättern

Sonderausstattung: Rückfahrkamera, angebracht im Griff des Heckdeckels

Macht ordentlich was her:
Projektion des Mercedes-Benz Logos

S MB 8207

Neue Nomenklatur: Der SLC 43 eröffnete ein neues Kapitel in der Bezifferung von AMG. Von der kleinen Zahl sollte man sich aber nicht täuschen lassen

Motoren – neues Einstiegsmodell SLC 180, neues Topmodell SLC 43

Der SLK 300 des Jahres 2015, der jetzt folgerichtig SLC 300 hieß, hatte den Anfang gemacht: In ihm arbeitete ein neuer Reihenvierzylindermotor mit der internen Bezeichnung M 274. Mit der Modellpflege kam der M 274 mit gleichem Hubraum nun auch im SLC 200 sowie im neuen SLC 180 mit 1595 cm^3 Hubraum zum Einsatz. Das Basismodell kostete 34.927 Euro, leistete 115 kW (156 PS) und begnügte sich mit einem NEFZ-Verbrauch von 5,6 Liter auf 100 Kilometer. Der 200er leistete weiterhin 135 kW (184 PS) und kostete 39.806 Euro, der 180 kW (245 PS) starke SLC 300 war für 46.380 Euro zu haben. Die Leistungsdaten der Dieselvariante blieben unverändert, der SLC 250 d kostete 43.524 Euro.

Die Zeiten des 310 kW (422 PS) starken V8-Motors mit 5,5 Liter Hubraum von AMG im SLK beziehungsweise SLC waren vorbei, stattdessen arbeitete im neuen AMG Modell SLC 43 ein 3,0-Liter-V6-Biturbomotor mit 270 kW (367 PS). Das waren zwar 40 kW (55 PS) weniger als im SLK 55 AMG, aber dafür kostete der Mercedes-AMG SLC 43 mit 59.887 Euro auch fast 14.000 Euro weniger. Und mit seiner Spitzenleistung war der SLC 43 immer noch stärker als alle seine Mitbewerber in diesem Fahrzeugsegment.

Kleiner Nachwuchs: Der Motor M 274 arbeitete nun auch im SLC 200 und SLC 180

DYNAMIC SELECT – fünf Fahrprogramme zur Auswahl

Neu im SLC war die Wahlmöglichkeit zwischen fünf Fahrprogrammen namens DYNAMIC SELECT, die die Charakteristik von Motor, Getriebe, Lenkung und Fahrwerk veränderten. „Eco“ war eine verbrauchsoptimierte Einstellung, „Comfort“ die passende Einstellung für Langstrecken oder schlechte Straßen, „Sport“ wählte man, wenn man schnell, und „Sport Plus“, wenn man besonders schnell auf topfebenen Straßen unterwegs ein wollte. Mit der Einstellung „Individual“ konnte man die einzelnen Parameter an die Wünsche des Fahrers in einer eigenen Konfiguration speichern. Die Programme wurden durch Drücken auf eine Taste oberhalb der Klimaanlage nacheinander aufgerufen und auf beiden Displays im Fahrzeug angezeigt. DYNAMIC SELECT gehörte in Verbindung mit dem Neungang-Automatikgetriebe, also beim SLC 250 d und SLC 300, zur Serienausstattung.

Variodach – komfortablere Bedienung

Bisher funktionierte das Öffnen oder Schließen des Variodachs nur bis maximal Schrittgeschwindigkeit. Das war jetzt vorbei: Wenn

Einstellung „Eco“: verbrauchsoptimiert unterwegs

Einstellung „Sport Plus“: kurze Schaltzeiten, knackige Lenkung

Komfortgewinn: Das Dach öffnete und schloss sich nun bei Geschwindigkeiten bis zu 40 km/h

AMG Night Paket: schwarzer Diamantgrill mit verchromten Pins, schwarze Außenspiegel, schwarze Finnen in der Frontschürze

der Vorgang im Stand begonnen wurde, funktionierte das Öffnen oder Schließen noch bis zu einer Geschwindigkeit von 40 km/h. Neu war auch: Wenn die Sonderausstattungen „Komfortbedienung Variodach“ oder KEYLESS-GO gewählt waren, verfügte der SLC über eine teilautomatische Restkofferraum-Abtrennung. Bisher musste der Fahrer diese noch manuell schließen, wenn er das vor der Dachöffnung vergessen hatte. Und die kleine Seitenscheibe hinter der Tür konnte nun bei geöffnetem Dach separat geschlossen werden, was dazu beitrug, die Windgeräusche zu reduzieren.

Individualisierung – AMG Line, Sport-Paket oder AMG Night-Paket

Die Anzahl der Designpakete hatte sich vergrößert. Weiterhin war eine AMG Line im Angebot, die je nach Motorisierung zwischen 3356 und 4010 Euro Aufpreis kostete. Sie umfasste das AMG Styling, grau lackierte und glanzgedrehte AMG 18-Zoll-Leichtmetallräder im 5-Speichen-Design und einen schwarzen Diamantgrill mit verchromten Pins und einer silbernen Lamelle. Außerdem war eine Sport-Abgasanlage enthalten, die über eine integrierte Abgasklappe für ein emotionaleres Sounderlebnis sorgte. Im SLC 300 gehörte diese bereits zur Serienausstattung, wer für den SLC 200 einen sportlicheren Sound wünschte, musste in der Ausstattungsliste zusätzlich Neungang-Automatikgetriebe, DYNAMIC SELECT und AMG Line oder Sport-Paket ankreuzen. Ferner gehörte das Sportfahrwerk mit zehn Millimeter Tieferlegung dazu und eine größere Bremsanlage mit perforierten Bremsscheiben vorn. Innen gab sich die AMG Line durch Sitze mit speziellem Design, zahlreiche rote Ziernähte, einem Kombi-Instrument in Zielflaggenoptik und Fußmatten mit AMG Schriftzug zu erkennen.

Das ebenfalls schon bekannte Sport-Paket beinhaltete 18-Zoll-Leichtmetallräder im 5-Doppelspeichendesign und ansonsten die Extras der AMG Line bis auf das AMG Styling und den verchromten Diamantgrill. Kostenpunkt je nach Motorisierung zwischen 1690 und 2344 Euro.

Neu war das AMG Night-Paket, das für 1130 Euro eine Aufwertung der AMG Line darstellte. Hier waren die Finnen in der Frontschürze, der Frontsplitter, die Außenspiegel und die Zierleiste am Heckdiffusor in Hochglanzschwarz lackiert, die Endrohre schwarz verchromt.

Schöne Kontraste: AMG Night Paket an rotem SLK

Hellseher: Ansicht des Triebstrangs – vom Motor bis zur Auspuffanlage

Entertainment – 7-Zoll-Display Serie, Remote online

Serienmäßig saß nun ein 7-Zoll-Display zwischen den Lüftungsdüsen. In der Mittelkonsole war die Aux-In-Buchse entfallen, dafür fanden sich dort zwei USB-Anschlüsse. Dank eines neuen Bluetooth-Chips war es möglich, Mobiltelefone via Bluetooth mit HD Voice zu verbinden. Hierfür war jedoch Voraussetzung, dass beide Gesprächspartner im gleichen Netz telefonierten, einen Mobilfunk-Anbieter hatten, der HD Voice unterstützte und natürlich auch Telefone verwendeten, die das konnten. Dann aber ließ sich mit einer enorm gesteigerten Klangqualität miteinander telefonieren. Auch die Antenne des SLC machte einen technischen Schritt nach vorn, denn fortan ließen sich Daten in LTE-Geschwindigkeiten übertragen, was hieß: Downloads bis zu 300 Megabit/Sekunde, Uploads bis zu 75 Megabit/Sekunde.

Die Sonderausstattung COMAND Online erhielt einige Aufwertungen: Jetzt war in der Navigation eine topografische Kartendarstellung, die fotorealistische Darstellung von Gebäuden und Anzeige von Satellitenbildern möglich. Auch die Dienste von Mercedes connect me ließen sich durch die Bestellung von Remote online nutzen, dies waren zum Beispiel die Fernabfrage des Fahrzeugstatus und eine Fahrzeugortung. Navigationsziele ließen sich vom Rechner oder Smartphone ans Fahrzeug senden oder die Türen aus der Ferne schließen oder öffnen.

Mit der Sonderausstattung „Smartphone-Integration“ konnten kompatible Smartphones via Apple CarPlay ins Fahrzeug integriert und dann zum Beispiel per Sprachsteuerung bedient werden.

Jetzt serienmäßig: 7-Zoll-Display zwischen den Lüftungsdüsen

SLC 43 – der neue Einstieg in die Roadster-Welt von Mercedes-AMG

Der neue 3,0-Liter-V6-Biturbomotor, unter der Motorhaube an seiner Abdeckung mit rotem Aluminium-Einleger zu erkennen, leistete mit seinen 270 kW (367 PS) zwar 40 kW (55 PS) weniger als sein achtzylindriger AMG Vorgänger, bot aber fast identische Fahrleistungen: Für den Spurt von null auf 100 km/h brauchte der SLC 43 mit 4,7 Sekunden nur eine Zehntelsekunde länger. Der SLC 43 wog exakt 100 Kilogramm weniger als der SLK 55, was durchaus der Fahrdynamik und dem Handling entgegenkam, denn der SLC 43 erzielte auf der Rennstrecke eine vergleichbare Performance wie der SLK 55. Und natürlich verbrauchte der SLC 43 weniger, statt 8,4 waren es nur noch 7,8 Liter pro 100 Kilometer.

Der SLC 43 war von vorn an seinem schwarzen Diamantgrill mit verchromten Pins und einer schwarzen Lamelle erkennbar. Die Außenspiegelgehäuse waren in Hochglanzschwarz lackiert, die 18-Zoll-Leichtmetallräder in Vielspeichen-Design ebenfalls schwarz lackiert und glanzgedreht. Die vorderen Kotflügel beherbergten je eine Finne in Silberchrom und waren mit einem „Biturbo"-Schriftzug versehen.

Innen hielt der Pilot ein schwarzes Sportlenkrad in schwarzem Nappaleder mit roten Ziernähten und perforiertem Griffbereich in den Händen. Das AMG Kombi-Instrument mit 280-km/h-Skala war im Zielflaggen-Design gehalten und bot zusätzlich einen Racetimer.

Das Neungang-Automatikgetriebe war von AMG auf verkürzte Schaltzeiten entwickelt und hatte bei manuellen Gangwechseln über die serienmäßigen Schaltpaddles am Lenkrad und im Fahr-

Rote Linie: Wer diesen roten Aluminiumeinleger sah, wusste, dass er auf den 367 PS starken Motor des SLC 43 vor sich hatte

Flotter Feger: Trotz deutlich geringerer Leistung als der Vorgänger erreichte der SLC 43 fast identische Fahrleitungen wie der SLK 55 AMG

programm Sport Plus kürzere Reaktionszeiten. Im Modus „Manuell“ ließen sich mit den serienmäßigen Schaltpaddles die Gänge des Automatikgetriebes auch blitzschnell, nämlich doppelt so schnell wie in den übrigen Fahrprogrammen, von Hand schalten. Außerdem blieb in diesem Modus das Getriebe im jeweils gewählten Gang und schaltete nicht automatisch hoch, wenn die Motordrehzahl den Begrenzer erreichte.

Die Dreilenker-Vorderachse wurde überarbeitet und erhielt unter anderem steifere Achsschenkel. Außerdem überarbeitete AMG die Führungslager der Querlenker. Diese umfangreichen Maßnahmen bewirkten ein deutlich agileres Einlenkverhalten und eine bessere Rückmeldung des Fahrwerks von der Straße. Auch die Hinterachse wurde von AMG überarbeitet, was zu einer weiteren Steigerung der Fahrdynamik und zu einer Optimierung der Beherrschbarkeit des SLC 43 im Grenzbereich führte. Zur Verbesserung der Fahrstabilität trugen ebenfalls die AMG eigenen Lager für Motor und Hinterachsgetriebe bei.

Neben dem serienmäßigen AMG Sportfahrwerk war als Sonderausstattung ein Sportfahrwerk namens AMG RIDE CONTROL mit automatischer Verstelldämpfung für 1238 Euro im Angebot, bei dem jedes Rad einzeln elektronisch geregelt wurde. Die drei Fahrwerksstufen „Comfort“, „Sport“ und „Sport +“ konnte der Fahrer über die Fahrprogramme mit der DYNAMIC SELECT Taste auswählen.

Das optionale Handling Package (3332 Euro) unterstützte einen ambitionierten Einsatz auf der Rennstrecke. Neben einem Motorkühler im Bug enthielt es auch ein Hinterachs-Sperrdifferenzial, das eine Reduzierung des Schlupfs am kurveninneren Antriebsrad ohne Bremseingriff bewirkte, wie es sonst ESP erledigen würde. So ließ sich besser aus Kurven herausbeschleunigen, außerdem ergab sich mehr Stabilität beim Anbremsen und bei hohen Geschwindigkeiten. Auch für den SLC 43 war das Night-Paket im Angebot: Für 893 Euro verwandelten sich Frontsplitter, die Finnen in der Frontschürze und die Zierleiste am Heckdiffusor in Hochglanzschwarz, auch die beiden Endrohre waren hier schwarz verchromt.

Sportliches Ambiente: Lenkrad mit Nappaleder, Sportpedale und viele rote Nähte

Der SLC ab 2017

Baureihe R 172

Der SLC von 2017 bis 2020

Baureihe R 172

2017: Sondermodell „RedArt Edition“

Ein Jahr nach dem Marktstart der Baureihe R 172 kam das Sondermodell „RedArt Edition“ in den Handel, bei dem die Farbe Rot außen und innen Akzente setzte. So waren der Frontsplitter, die Finnen in den Kotflügeln, die Zierleiste des Diffusors und die Bremssättel mit dem Schriftzug „Mercedes-Benz“ rot lackiert, der Diamantgrill hatte schwarze und rote Pins. Die lackierten und glanzgedrehten 18-Zoll-Leichtmetallräder präsentierten sich im 5-Doppelspeichen-Design. Auf den Kotflügeln war eine „RedArt“-Edition-Plakette angebracht. Im Innenraum machte die zweifarbige Lederausstattung mit roten Ziernähten auf sich aufmerksam. An den Kopfstützen, am Lenkrad und am Gangwählhebel fanden sich Elemente aus carbongeprägtem Leder, zusätzlich war an den Kopfstützen ein Edition-Logo eingestickt.

Als „RedArt Edition“waren alle fünf Motorisierungen lieferbar, der SLC 180 für 38.854, der SLC 200 für 43.733, der SLC 250 d für 47.332, der SLC 300 für 49.593 und der SLC 43 für 62.207 Euro. Auch eine Kombination mit der AMG Line war möglich. Im gleichen Jahr hatte die bisher serienmäßige schwarze Stoffpolsterung ausgedient und wurde durch die Ledernachbildung ARTICO in Schwarz oder wahlweise in Saharabeige ersetzt.

Ausgedient hatte auch die Dieselvariante SLC 250 d - ab Herbst des Jahres 2017 wurden keine neuen Bestellungen mehr angenommen. Und auch der Unilack Feueropal tauchte nicht mehr in der Preisliste auf.

Innenraum der RedArt Edition“: rote Akzente allerorten

2018: Ottopartikelfilter, LTE und neue Farben

Ab Mitte des Jahres 2018 wurden die Motoren mit einem Ottopartikelfilter ausgestattet. Das Kommunikationsmodul beherrschte nun serienmäßig für die schnellere Nutzung von Mercedes me connect Diensten den flotten Mobilfunkstandard LTE. Das Angebot der Lackierungen erweiterte sich um den Unilack Jupiterrot, außerdem ersetzte die Lackierung Graphitgrau Metallic das Diamantsilber Metallic.

2019: SLC 180 entfällt für Europa

Das Angebot an Motorisierungen verringerte sich auf den SLC 200 und 300 sowie den SLC 43, weil für Europa der SLC 180 aus der Preisliste flog. Ebenso entfiel die RedArt Edition und die Lackierung Indiumgrau Metallic – die allerdings Ende des Jahres wieder eingeführt wurde. Der Vollständigkeit halber: Bei den designo-Farben ersetzte Patagonienrot das Hyazinthrot.

Serie und AMG: beide als „RedArt Edition". Serie in designo iridiumsilber magno, AMG in designo selenitgrau magno

AMG

Im Großformat: SLC 43 mit der Lackierung designo selenitgrau magno als „RedArt Edition“

2020
Sondermodell „Final Edition“

2020
Sondermodell „Final Edition"

Mit der Pressemitteilung vom 20.02.2020 war die Katze aus dem Sack: Es wird eine „Final Edition" des SLC kommen. Damit war klar, dass die Tage des SLC gezählt waren. Ab dem gleichen Tag konnten diese letzten SLC beim Händler bestellt und schließlich ab März in Empfang genommen werden.

Die „Final Edition" war stückzahlmäßig nicht limitiert, alle drei Motorisierungen konnten mit dem Editions-Paket veredelt werden – der SLC 200 für einen Aufpreis von 6009 Euro, der SLC 300 für 5533 und der SLC 43 für 4462 Euro.

In diesen Aufpreisen verbargen sich eine ganze Menge an Sonderausstattungen. So war darin die AMG-Line inklusive AMG-Styling enthalten, ebenso 18-Zoll-AMG-Leichtmetallräder im 5-Speichen-Design in Schwarz hochglänzend, an Vorder- und Hinterachse jeweils im Format 245/45. Die serienmäßigen AMG-Sportsitze und die Türverkleidungen waren zweifarbig in Schwarz und Silber pearl mit Nappaleder bezogen, wobei sich die Ziernähte und Sicherheitsgurte in Alpakagrau absetzten. An den Kopfstützen sowie im oberen Lehnenbereich waren Ledereinsätze im Carbon-Design eingearbeitet.

Um innen wie außen zu zeigen, was man fährt, fand sich ein „Final Edition"-Logo auf den beiden Kopfstützen und an den Kotflügeln.

Bei den dunklen Lackierungen Schwarz, Obsidianschwarz und Selenitgrau waren die Zierstäbe im unteren Bereich des Stoßfängers und das Zierelement in der Heckschürze in Silberchrom, bei den hellen Farben Sonnengelb, Polarweiß und designo Diamantweiß bright als Kontrast in Schwarz ausgeführt. Die Lackierung „Sonnengelb" erinnerte nicht ganz zufällig an die damalige gewagte Farbe „Yellowstone" bei der Einführung des SLK.

Mercedes-AMG SLC 43 Final Edition

Für die Final Edition des SLC 43 gab es nicht so viel Auswahl bei den Lackierungen – hier konnte sich der Kunde nur zwischen Schwarz und Sonnengelb entscheiden. Wie bei den hellen Farben des SLC 200 oder 300 der Final Edition waren in der gelben Ausführung des SLC 43 Außenspiegelgehäuse und Türgriffe, Frontsplitter, die Finnen der Lufteinlässe und Kotflügel sowie das Zierelement in der Heckschürze aus Kontrastgründen glänzend schwarz lackiert. Die 18-Zoll-AMG-Leichtmetallräder im 5-Speichen-Design waren mattschwarz lackiert, das gelbe Felgenhorn setzte dazu einen markanten Akzent.

Bis auf Kleinigkeiten waren die Innenräume von Serie und AMG identisch ausgestattet. Zusätzlich bot der SLC 43 Final Edition zum Beispiel noch eine kristallgraue 12-Uhr-Markierung oben am AMG Performance-Lenkrad, eine Plakette in der Lenkradspange und Fußmatten mit dem Schriftzug „AMG Edition" und den Automatik-Wählhebel des SL 63 mit carbongeprägtem Leder in Alpakagrau sowie Lederapplikationen in Carbon-Optik optische Highlights. Auch im Aufpreis der AMG Final Edition waren viele Komfort-Funktionen aus der Serie enthalten, wie zum Beispiel die Kopfraumheizung AIRSCARF, Sitzheizung für Fahrer und Beifahrer sowie das Memory-Paket.

Zeigen, was man hat: Für den Schriftzug „Final Edition" wäre der Automatik-Wählhebel etwas zu schmal gewesen, aber auf den Kopfstützen und an den Kotflügeln fand er ausreichend Platz

Magischer Spiegel: Der SLC Final Edition in Sonnengelb vor seinem Urahn von 1996 in Yellowstone

Exklusives Felgendesign: Dieses Rad gab es nur für die Final Edition. Sein Code: RQJ

Mach's gut, SLC: Dank des Fahrspaßes, den er bietet, und dank der soliden Verarbeitung wird er sicher noch sehr lange auf dem Gebrauchtmarkt zu finden sein

Kontrastprogramm: Wer die Farbe Gelb nicht mochte, konnte die Final Edition zum Beispiel auch in Schwarz bestellen

S LC 301

Baureihe R 172 (2011 – 2015)

	SLK 200 (BlueEfficiency)	SLK 250 (BlueEfficiency)	SLK 250 CDI (SLK 250 d)	SLK 300
Baumuster	172.448 (ab Mitte 2015 172.434)	172.447	172.403 (ab Mitte 2015 172.404 im SLK 250 d)	172.438
bestellbar ab	27.01.2011	27.01.2011	13.09.2011	07.04.2015
Markteinführung in Deutschland	26.03.2011	26.03.2011	Anfang 2012	Mitte 2015
Motor				
Motortyp	M 271 E 18 DELAred	M 271 E 18 DELA	OM 651 DE 22 LA	M 274 E20 DEH LA
Motor-Baumuster	271.861 (ab Mitte 2015 274.920	271.861	651.980	274.920
Bauart	Vierzylinder-Ottoreihenmotor, stehend, Direkteinspritzung, zwei Einlass- und zwei Auslassventile pro Zylinder, geregelter 3-Wege-Katalysator	Vierzylinder-Ottoreihenmotor, stehend, Direkteinspritzung, zwei Einlass- und zwei Auslassventile pro Zylinder, geregelter 3-Wege-Katalysator	Vierzylinder-Dieselreihenmotor, stehend, Direkteinspritzung, zwei Einlass- und zwei Auslassventile pro Zylinder, Katalysator und Partikelfilter	Vierzylinder-Ottoreihenmotor, stehen Direkteinspritzung, zwei Einlass- und zwei Auslassventile pro Zylinder, geregelter 3-Wege-Katalysator
Ventilsteuerung	zwei obenliegende Nockenwellen (beide verstellbar)	zwei obenliegende Nockenwellen (beide verstellbar)	zwei obenliegende Nockenwellen	zwei obenliegende Nockenwellen (beide verstellbar)
Nockenwellenantrieb	Kette	Kette	Kette/Zahnrad	Kette
Hubraum (cm³)	1796	1796	2143	1991
Bohrung x Hub (mm)	82,0 x 85,0	82,0 x 85,0	83,0 x 99,0	83,0 x 92,0
Nennleistung	135 kW / 184 PS bei 5250/min	150 kW / 204 PS bei 5500/min	150 kW / 204 PS bei 4200/min	180 kW / 245 PS bei 5500/min
Nenndrehmoment	270 Nm bei 1800 – 4600/min	310 Nm bei 2000 – 4300/min	500 Nm bei 1600/min	370 Nm bei 1300/min
Verdichtungsverhältnis	9,3 : 1	9,3 : 1	16,2 : 1	9,8 : 1
Gemischbildung	mikroprozessorgesteuerte Einspritzanlage, ein Abgasturbolader	mikroprozessorgesteuerte Einspritzanlage, ein Abgasturbolader	mikroprozessorgesteuerte Einspritzanlage, zwei Abgasturbolader	mikroprozessorgesteuerte Einspritzanla ein Abgasturbolader
Schmierung	Druckumlaufschmierung / 5,5 l Öl	Druckumlaufschmierung / 5,5 l Öl	Druckumlaufschmierung / 6,5 l Öl	Druckumlaufschmierung / 6,3 l Öl
Batterie (Ah)	80	80	80	70
Generator (W)	1680	1680	2520	1680
Kraftübertragung*				
Getriebe	Sechsgang-Schaltgetriebe Serie mit Start-Stopp-Automatik (Siebengang-Automatikgetriebe mit Start-Stopp-Automatik als Sonderausstattung)	Sechsgang-Schaltgetriebe Serie mit Start-Stopp-Automatik (Siebengang-Automatikgetriebe mit Start-Stopp-Automatik als Sonderausstattung)	Sechsgang-Schaltgetriebe Serie mit Start-Stopp-Automatik (Siebengang-Automatikgetriebe mit Start-Stopp-Automatik als Sonderausstattung)	Neungang-Automatikgetriebe mit Start-Stopp-Automatik
Übersetzungen				
Achsantrieb	2,87 (3,07)	2,87 (3,07)	2,47 (3,07)	– (3,07)
1. Gang	4,99 (4,38)	4,99 (4,38)	5,10 (4,38)	– (5,50)
2. Gang	2,82 (2,86)	2,82 (2,86)	2,78 (2,86)	– (3,33)
3. Gang	1,78 (1,92)	1,78 (1,92)	1,75 (1,92)	– (2,31)
4. Gang	1,25 (1,37)	1,25 (1,37)	1,25 (1,37)	– (1,66)
5. Gang	1,00 (1,00)	1,00 (1,00)	1,00 (1,00)	– (1,21)
6. Gang	0,82 (0,82)	0,82 (0,82)	0,81 (0,82)	– (1,00)
7. Gang	– (0,73)	– (0,73)	– (0,73)	– (0,86)
8. Gang	– (–)	– (–)	– (–)	– (0,72)
9. Gang	– (–)	– (–)	– (–)	– (0,60)
Rückwärtsgang	4,54 (3,41)	– (3,41)	4,62 (3,41)	– (4,93)
Fahrwerk				
Vorderachse	McPherson-Dreilenkerachse, Schraubenfedern, Zweirohr-Gasdruckstoß-dämpfer, Drehstab-Stabilisator	McPherson-Dreilenkerachse, Schraubenfedern, Zweirohr-Gasdruckstoß-dämpfer, Drehstab-Stabilisator	McPherson-Dreilenkerachse, Schraubenfedern, Zweirohr-Gasdruckstoß-dämpfer, Drehstab-Stabilisator	McPherson-Dreilenkerachse, Schraubenfedern, Zweirohr-Gasdruckst dämpfer, Drehstab-Stabilisator
Hinterachse	Raumlenkerachse, Schraubenfedern, Einrohr-Gasdruckstoßdämpfer, Drehstab-Stabilisator	Raumlenkerachse, Schraubenfedern, Einrohr-Gasdruckstoßdämpfer, Drehstab-Stabilisator	Raumlenkerachse, Schraubenfedern, Einrohr-Gasdruckstoßdämpfer, Drehstab-Stabilisator	Raumlenkerachse, Schraubenfedern Einrohr-Gasdruckstoßdämpfer, Drehstab-Stabilisator
Lenkung	Zahnstangen-Servolenkung	Zahnstangen-Servolenkung	Zahnstangen-Servolenkung	Zahnstangen-Servolenkung
Lenkübersetzung	15,5 : 1	15,5 : 1	15,5 : 1	15,5 : 1
Bremsanlage	vier Scheibenbremsen, vorn innenbelüftet, elektrische Feststellbremse, ABS, Bremsassistent, ESP	vier Scheibenbremsen, vorn innenbelüftet, elektrische Feststellbremse, ABS, Bremsassistent, ESP	vier Scheibenbremsen, vorn innenbelüftet, elektrische Feststellbremse, ABS, Bremsassistent, ESP	vier Scheibenbremsen, vorn innenbelüf elektrische Feststellbremse, ABS, Bremsassistent, ESP
Bremsscheiben-Durchmesser v / h (mm)	295 / 300	322 / 300	322 / 300	322 / 300
Felgen	7,0 J x 16 H2 ET 37,5 vorn und hinten	7,5 J x 17 H2 ET 42 vorn 8,5 J x 17 H2 ET 36 hinten	7,0 J x 16 H2 ET 38 vorn 7,5 J x 16 H2 ET 45,5 hinten	7,5 J x 17 H2 ET 42 vorn 8,5 J x 17 H2 ET 36 hinten
Bereifung	205/55 R 16 vorn und hinten	225/45 R 17 vorn 245/40 R 17 hinten	205/55 R 16 vorn 225/50 R 16 hinten	225/45 R 17 vorn 245/40 R 17 hinten
Maße und Gewichte				
Radstand (mm)	2430	2430	2430	2430
Spurweite vorn / hinten (mm)	1559 / 1565	1551 / 1568	1558 / 1548	1559 / 1565
Länge / Breite (ohne Spiegel) / Höhe (mm)	4134 / 1810 / 1301	4134 / 1817 / 1303	4134 / 1817 / 1301	4134 / 1810 / 1303
Wendekreis (m)	10,5	10,5	10,5	10,5
Kofferraumvolumen (Liter)	335 (bei geöffnetem Variodach 225)	335 (bei geöffnetem Variodach 225)	335 (bei geöffnetem Variodach 225)	335 (bei geöffnetem Variodach 225)
Gewicht fahrfertig (kg)	1435	1500	1590	1430
zulässiges Gesamtgewicht (kg)	1750	1815	1905	1820
Zuladung (kg)	315	315	315	315
Tankinhalt/davon Reserve (Liter)	60 / 8	60 / 8	60 / 8	60 / 8
Fahrleistungen und Verbrauch*				
Beschleunigung 0-100 km/h (s)	7,3 (7,0)	6,5 (6,6)	6,5 (6,7)	– (5,8)
Höchstgeschwindigkeit (km/h)	240 (237)	244 (243)	244 (243)	– (250)
Verbrauch** (l/100 km)	6,4 (6,1)	6,9 (6,2)	4,8 (4,9)	– (6,2)
CO2-Emission (g/km)	149 (142)	160 (144)	124 (128)	– (144)
Grundpreis****	01/2011: 38.675,00 Euro	01/2011: 44.256,10 Euro	-	–
	09/2011: 38.675,00 Euro	09/2011: 41.828,50 Euro	09/2011: 41.828,50 Euro	–
	02/2013: 39.180,75 Euro	02/2013: 42.334,25 Euro	02/2013: 39.894,75 Euro	–
	02/2014: 39.359,25 Euro	02/2014: 42.512,75 Euro	02/2014: 40.073,25 Euro	–
	04/2015: 39.656,75 Euro	-	04/2015: 36.450,00 Euro	04/2015: 46.053,00 Euro

* Werte für Automatikgetriebe in Klammern; **kombiniert nach Richtlinie 93/116/EG;

*** elektronisch abgeregelt

**** einschl. Mehrwertsteuer

SLK 350 (BlueEfficiency)	SLK 55 AMG
172.457	172.475
27.01.2011	13.09.2011
26.03.2011	Januar 2012
M 276 DE 35	M 152 E55
276.956	152.980
Sechszylinder-V-Ottomotor, 60 Grad Zylinderwinkel, zwei Einlass- und zwei Auslassventile pro Zylinder, geregelter 3-Wege-Katalysator	Achtzylinder-V-Ottomotor mit Zylinderabschaltung, 90 Grad Zylinderwinkel, zwei Einlass- und zwei Auslassventile pro Zylinder, geregelter 3-Wege-Katalysator
je Zylinderreihe zwei obenliegende Nockenwellen, beide verstellbar	je Zylinderreihe eine obenliegende Nockenwelle
Kette	Kette
3498	5461
92,9 x 86,0	98,0 x 90,5
225 kW / 306 PS bei 6500/min	310 kW / 422 PS bei 6800/min
370 Nm bei 3500/min	540 Nm bei 4500/min
12,0 : 1	12,6 : 1
mikroprozessorgesteuerte Einspritzanlage	mikroprozessorgesteuerte Einspritzanlage
Druckumlaufschmierung / 6,5 l Öl	Druckumlaufschmierung / 9,5 l Öl
80	80
2520	2520
Siebengang-Automatikgetriebe mit Start-Stopp-Automatik	Siebengang-Automatikgetriebe mit AMG-Speedshift Plus mit Start-Stopp-Automatik
– (3,07)	– (2,82)
– (4,38)	– (4,38)
– (2,86)	– (2,86)
– (1,92)	– (1,92)
– (1,37)	– (1,37)
– (1,00)	– (1,00)
– (0,82)	– (0,82)
– (0,73)	– (0,73)
– (–)	– (–)
– (–)	– (–)
– (3,41)	– (3,41)
McPherson-Dreilenkerachse, Schraubenfedern, Zweirohr-Gasdruckstoßdämpfer, Drehstab-Stabilisator	McPherson-Dreilenkerachse, Schraubenfedern, Zweirohr-Gasdruckstoßdämpfer, Drehstab-Stabilisator
Raumlenkerachse, Schraubenfedern, Einrohr-Gasdruckstoßdämpfer, Drehstab-Stabilisator	Raumlenkerachse, Schraubenfedern, Einrohr-Gasdruckstoßdämpfer, Drehstab-Stabilisator
Zahnstangen-Servolenkung	Zahnstangen-Servolenkung
15,5 : 1	15,5 : 1
vier Scheibenbremsen, vorn innenbelüftet, elektrische Feststellbremse, ABS, Bremsassistent, ESP	vier Scheibenbremsen, vorn und hinten innenbelüftet und gelocht, mechanische Feststellbremse, ABS, Bremsassistent, ESP
344 / 300	360 / 330
7,5 J x 17 H2 ET 42 vorn 8,5 J x 17 H2 ET 36 hinten	8,0 J x 18 vorn, 9,0 J x 18 hinten
225/45 R 17 vorn 245/40 R 17 hinten	235/40 R 18 vorn 255/35 R 18 hinten
2430	2430
1551 / 1568	1549 / 1567
4134 / 1817 / 1303	4146 / 1817 / 1300
10,5	10,5
335 (bei geöffnetem Variodach 225)	335 (bei geöffnetem Variodach 225)
1540	1610
1855	1910
315	300
60 / 8	60 / 8
– (5,6)	– (4,6)
– (250)***	– (250)***
– (7,1)	– (8,4)
– (167)	– (195)
01/2011: 52.300,50 Euro	-
09/2011: 52.300,50 Euro	09/2011: 72.590,00 Euro
02/2013: 52.925,25 Euro	02/2013: 73.214,75 Euro
02/2014: 53.103,75 Euro	02/2014: 73.542,00 Euro
04/2015: 53.222,75 Euro	04/2015: 73.720,50 Euro

Baureihe R 172 (2016 bis 2020)

	SLC 180	SLC 200	SLC 250 d
Baumuster	172.431	172.434	172.404
bestellbar ab	18.01.2016	18.01.2016	18.01.2016
Markteinführung in Deutschland	16.04.2016	16.04.2016	16.04.2016
Motor			
Motortyp	M 274 E 16 DELA	M 274 E 20 DELA	OM651 DE22 LA SCR
Motor-Baumuster	274.910	274.920	651.980
Bauart	Vierzylinder-Ottoreihenmotor, stehend, Direkteinspritzung, zwei Einlass- und zwei Auslassventile pro Zylinder, geregelter 3-Wege-Katalysator	Vierzylinder-Ottoreihenmotor, stehend, Direkteinspritzung, zwei Einlass- und zwei Auslassventile pro Zylinder, geregelter 3-Wege-Katalysator	Vierzylinder-Ottoreihenmotor, stehend, Direkteinspritzung, zwei Einlass- und zwei Auslassventile pro Zylinder, SCR-Einspritzung, Katalysator, Partikelfilter
Ventilsteuerung	zwei obenliegende Nockenwellen (beide verstellbar)	zwei obenliegende Nockenwellen (beide verstellbar)	zwei obenliegende Nockenwellen
Nockenwellenantrieb	Kette	Kette	Kette / Zahnrad
Hubraum (cm³)	1595	1991	2143
Bohrung x Hub (mm)	83,0 x 73,7	83,0 x 92,0	83,0 x 99,0
Nennleistung	115 kW / 156 PS bei 5300/min	135 kW / 184 PS bei 5500/min	150 kW / 204 PS bei 3800/min
Nenndrehmoment	250 Nm bei 1200 – 4000/min	300 Nm bei 1200 – 4000/min	500 Nm bei 1600 – 1800/min
Verdichtungsverhältnis	10,3 : 1	9,8 : 1	9,8 : 1
Gemischbildung	mikroprozessorgesteuerte Einspritzanlage, ein Abgas-Turbolader	mikroprozessorgesteuerte Einspritzanlage, ein Abgas-Turbolader	Common-Rail-Hochdruckeinspritzung, zwei Turbolader
Schmierung	Druckumlaufschmierung / 6,1 l Öl	Druckumlaufschmierung / 6,3 l Öl	Druckumlaufschmierung / 6,5 l Öl
Batterie (Ah)	80	80	80
Generator (W)	2450	2450	2800
Kraftübertragung*			
Getriebe	Sechsgang-Schaltgetriebe Serie (Neungang-Automatikgetriebe als Sonderausstattung)	Sechsgang-Schaltgetriebe Serie (Neungang-Automatikgetriebe als Sonderausstattung)	Neungang-Automatikgetriebe Serie
Übersetzungen			
Achsantrieb	3,07 (3,07)	3,07 (3,07)	– (2,47)
1. Gang	4,75 (5,35)	4,75 (5,35)	– (5,35)
2. Gang	2,46 (3,24)	2,46 (3,24)	– (3,24)
3. Gang	1,62 (2,25)	1,62 (2,25)	– (2,25)
4. Gang	1,24 (1,64)	1,24 (1,64)	– (1,64)
5. Gang	1,00 (1,21)	1,00 (1,21)	– (1,21)
6. Gang	0,79 (1,00)	0,79 (1,00)	– (1,00)
7. Gang	– (0,86)	– (0,86)	– (0,86)
8. Gang	– (–)	– (–)	– (0,72)
9. Gang	– (–)	– (–)	– (0,60)
Rückwärtsgang	4,47 (4,93)	4,47 (4,93)	– (4,93)
Fahrwerk			
Vorderachse	McPherson-Dreilenkerachse, Schraubenfedern, Zweirohr-Gasdruckstoßdämpfer, Drehstab-Stabilisator	McPherson-Dreilenkerachse, Schraubenfedern, Zweirohr-Gasdruckstoßdämpfer, Drehstab-Stabilisator	McPherson-Dreilenkerachse, Schraubenfedern, Zweirohr-Gasdruckstoßdämpfer, Drehstab-Stabilisator
Hinterachse	Raumlenkerachse, Schraubenfedern, Einrohr-Gasdruckstoßdämpfer, Drehstab-Stabilisator	Raumlenkerachse, Schraubenfedern, Einrohr-Gasdruckstoßdämpfer, Drehstab-Stabilisator	Raumlenkerachse, Schraubenfedern, Einrohr-Gasdruckstoßdämpfer, Drehstab-Stabilisator
Lenkung	Zahnstangen-Servolenkung	Zahnstangen-Servolenkung	Zahnstangen-Servolenkung
Lenkübersetzung	15,5 : 1	15,5 : 1	15,5 : 1
Bremsanlage	vier Scheibenbremsen, vorn innenbelüftet, elektrische Feststellbremse, ABS, Bremsassistent, ESP	vier Scheibenbremsen, vorn innenbelüftet, elektrische Feststellbremse, ABS, Bremsassistent, ESP	vier Scheibenbremsen, vorn innenbelüftet, elektrische Feststellbremse, ABS, Bremsassistent, ESP
Bremsscheiben-Durchmesser v / h (mm)	295 / 300	322 / 300	322 / 300
Felgen	7,0 J x 16 H2 ET 37,5 vorn und hinten	7,0 J x 16 H2 ET 37,5 vorn und hinten	7,0 J x 16 H2 ET 38 vorn 7,5 J x 16 H2 ET 45,5 hinten
Bereifung	205/55 R 16 vorn und hinten	205/55 R 16 vorn und hinten	205/55 R 16 vorn, 225/55 R 16 hinten
Maße und Gewichte			
Radstand (mm)	2430	2430	2430
Spurweite vorn / hinten (mm)	1559 / 1565	1559 / 1565	1558 / 1548
Länge / Breite (ohne Spiegel) / Höhe (mm)	4133 / 1810 / 1301	4133 / 1810 / 1301	4133 / 1810 / 1301
Wendekreis (m)	10,6	10,6	10,6
Kofferraumvolumen (Liter)	335 (bei geöffnetem Variodach 225)	335 (bei geöffnetem Variodach 225)	335 (bei geöffnetem Variodach 225)
Gewicht fahrfertig (kg)	1435	1455	1605
zulässiges Gesamtgewicht (kg)	1750	1770	1905
Zuladung (kg)	315	315	300
Tankinhalt/davon Reserve (Liter)	70 / 9	60 / 8	60 / 8
Fahrleistungen und Verbrauch*			
Beschleunigung 0-100 km/h (s)	7,9 (8,1)	7,0 (6,9)	– (6,6)
Höchstgeschwindigkeit (km/h)	226 (223)	240 (237)	– (245)
Verbrauch** (l/100 km)	5,6 (5,6)	6,1 (5,7)	– (4,4)
CO_2-Emission (g/km)	128 (128)	142 (133)	– (245)
Grundpreis****	01/2016: 34.926,50 Euro	01/2016: 39.805,50 Euro	01/2016: 43.524,25
	04/2017: 35.348,95 Euro	04/2017: 40.227,95 Euro	04/2017: 43.946,70 Euro
	06/2018: 35.646,45 Euro	06/2018: 40.525,45 Euro	–
	–	10/2019: 40.882,45 Euro	–

* Werte für Automatikgetriebe in Klammern; **kombiniert nach Richtlinie 93/116/EG;
*** elektronisch abgeregelt
**** einschl. Mehrwertsteuer

SLC 300	**Mercedes-AMG SLC 43**
172.438	172.466
18.01.2016	18.01.2016
16.04.2016	16.04.2016
M 274 E 20 DELA	M 276 E 30 DEH LA G AMG
274.920	276.822
Vierzylinder-Ottoreihenmotor, stehend, Direkteinspritzung, zwei Einlass- und zwei Auslassventile pro Zylinder, geregelter 3-Wege-Katalysator	Sechszylinder-V-Ottomotor, 60 Grad Zylinderwinkel, zwei Einlass- und zwei Auslassventile pro Zylinder, geregelter 3-Wege-Katalysator je Zylinderreihe
zwei obenliegende Nockenwellen (beide verstellbar)	zwei obenliegende Nockenwellen
Kette	Kette
1991	2996
83,0 x 92,0	88,0 x 82,1
180 kW / 245 PS bei 5500/min	270 kW / 367 PS bei 5500/min
370 Nm bei 3000 – 4000/min	520 Nm bei 2000 – 4200/min
9,8 : 1	10,7 : 1
mikroprozessorgesteuerte Einspritzanlage, ein Abgas-Turbolader	mikroprozessorgesteuerte Einspritzanlage, zwei Turbolader
Druckumlaufschmierung / 6,3 l Öl	Druckumlaufschmierung / 6,5 l Öl
80	80
2450	2800
Neungang-Automatikgetriebe Serie	Neungang-Automatikgetriebe Serie
– (2,47)	– (2,47)
– (5,35)	– (5,35)
– (3,24)	– (3,24)
– (2,25)	– (2,25)
– (1,64)	– (1,64)
– (1,21)	– (1,21)
– (1,00)	– (1,00)
– (0,86)	– (0,86)
– (0,72)	– (0,72)
– (0,60)	– (0,60)
– (4,93)	– (4,93)
McPherson-Dreilenkerachse, Schraubenfedern, Zweirohr-Gasdruckstoßdämpfer, Drehstab-Stabilisator	McPherson-Dreilenkerachse, Schraubenfedern, Zweirohr-Gasdruckstoßdämpfer, Drehstab-Stabilisator
Raumlenkerachse, Schraubenfedern, Einrohr-Einrohr-Gasdruckstoßdämpfer, Drehstab-Stabilisator	Raumlenkerachse, Schraubenfedern, Einrohr-Gasdruckstoßdämpfer, Drehstab-Stabilisator
Zahnstangen-Servolenkung	Zahnstangen-Servolenkung
15,5 : 1	15,5 : 1
vier Scheibenbremsen, vorn innenbelüftet, elektrische Feststellbremse, ABS, Bremsassistent, ESP	vier Scheibenbremsen, vorn und hinten innenbelüftet und gelocht, elektrische Feststellbremse, ABS, Bremsassistent, ESP
322 / 300	360 / 330
7,5 J x 17 H2 ET 42 vorn	8,0 J x 18 H2 ET 43 vorn
8,5 J x 17 H2 ET 36 hinten	9,0 J x 18 H2 ET 42 hinten
225/45 R 17 vorn, 245/40 R 17 hinten	235/40 ZR 18 vorn, 255/35 ZR 18 hinten
2430	2430
1551 / 1568	1551 / 1566
4103 / 1817 / 1301	4142 / 1817 / 1304
10,6	10,6
335 (bei geöffnetem Variodach 225)	335 (bei geöffnetem Variodach 225)
1505	1520
1820	1890
315	295
60 / 8	60 / 8
– (5,8)	– (4,7)
– (250)	– (250)***
– (250)	– (7,8)
– (134)	– (178)
01/2016: 46.380,25 Euro	01/2016: 59.886,25 Euro
04/2017: 46.802,70 Euro	04/2017: 60.035,50 Euro
06/2018: 47.100,20 Euro	06/2018: 60.589,90 Euro
10/2019: 47.457,20 Euro	10/2019: 61.058,90 Euro

Zum Schluss
Zahlen, Fakten, Anekdoten

Am 20.05.2020 um 12:14 bestand der letzte SLC seine Endkontrolle: ein diamantweißer SLC 180, der sich anschließend auf die Reise zu seinem neuen Besitzer in Japan aufmachte. Damit war das Kapitel SLK und SLC von Mercedes-Benz abgeschlossen.

Von März 2011 bis Mai 2020 liefen insgesamt 171.651 SLK beziehungsweise SLC vom Band. Mit den 311.000 Stück der Baureihe R 170 und den 245.000 Exemplaren des R 171 addiert sich die Summe aller gebauten kleinen Roadster von Mercedes-Benz also auf beachtliche rund 728.000 Fahrzeuge.

Während die Hauptmärkte 2008 in absteigender Rangfolge noch Deutschland, USA, Großbritannien, Italien und China hießen, hatte sich das Bild 2016 verschoben: Großbritannien, USA, Deutschland, China und Japan.

Anfang des Jahres 2020 hatte das deutsche Kraftfahrt-Bundesamt (KBA) noch insgesamt fast 250.000 SLK beziehungsweise SLC erfasst. Den Löwenanteil dieser Fahrzeuge macht der SLK 200 mit 100 kW (136 PS) sowie sein Nachfolger SLK 200 Kompressor mit 120 kW (163 PS) aus, insgesamt sind von den beiden 200ern zu diesem Zeitpunkt in Deutschland noch rund 110.000 Stück zugelassen. Vom SLK 230 Kompressor in seinen beiden Leistungsstufen 142 und 145 kW sind noch beachtliche 63.000 Exemplare unterwegs.

Auch bei der Baureihe R 171 belegt der SLK 200 mit rund 25.000 Fahrzeugen den Spitzenplatz, gefolgt vom SLK 350 mit über 9000 Stück.

Vom SLK beziehungsweise SLC mit Dieselmotor sind rund 6700 Stück registriert. Für den SLK 250 CDI oder später SLC 250 mit seinem drehmomentstarken Selbstzünder zeigte sich übrigens die britische Kundschaft besonders empfänglich, denn fast die Hälfte aller auf die Insel gelieferten SLK und SLC waren mit einem Dieselmotor ausgestattet. Der gleich starke (150 kW) Benzinbruder SLK 250 bringt es laut KBA dagegen nur auf 2700 Exemplare.

Werk Bremen: Werksgelände mit 1,5 Millionen Quadratmetern, davon sind 0,5 Millionen bebaut

Zeitenwende: Während der SL dank der Entwicklung der nächsten Generation bei AMG weiterleben wird, war für den SLC im Mai 2020 endgültig Schluss

Naturgemäß sind die AMG-Modelle deutlich dünner gesät: Vom SLK 32 tauchen rund 1200 Stück in der Statistik auf, vom SLK 55 zirka 1700 und vom SLC 43 ungefähr 1000 Stück.

Auch rund 700 SLK 200 Kompressor mit 141 kW (192 PS) sind dem KBA bekannt, obwohl diese ja als Exportmodell ausschließlich für Italien, Portugal und Griechenland gedacht waren. Grau-Import macht's möglich.

Übrigens, trotz der teilweise durchaus mutigen Farbpalette blieb über die Jahre hinweg die Reihenfolge der meist gewählten Farben annähernd konstant: Silber, Schwarz, Rot und Weiß.

Der SLK beziehungsweise SLC wurde von Anfang an im Werk Bremen gebaut. Kein Wunder also, dass das Angebot an gebrauchten SLK beziehungsweise SLC in Norddeutschland besonders groß ist. Dieses 1938 gegründete Werk ist der größte private Arbeitgeber der Region: Hier arbeiten über 12.500 Menschen, das Werksgelände erstreckt sich über rund 1,5 Millionen Quadratmeter, davon sind über eine halbe Million Quadratmeter bebaut.

Der SLK gehörte schon immer zu den wertstabilsten Fahrzeugen auf dem Gebrauchtmarkt. So kürte 2005 die Fachzeitschrift *Auto Bild* gemeinsam mit EurotaxSchwacke den SLK als „Wertmeister“ aller Klassen, weil er als drei Jahre alter Gebrauchter nach drei Jahren Nutzung noch immer für 75 Prozent seines Neupreises gehandelt wurde. Heute ist der Preisverfall bei älteren gepflegten Fahrzeugen bereits gestoppt, die Preise ziehen schon wieder leicht an. Für sehr gute Exemplare zum Beispiel eines SLK 200 Final Edition aus dem Jahr 2003 mit geringer Laufleistung wird schon rund die Hälfte des damaligen Kaufpreises von 31.400 Euro aufgerufen. Und manchmal sogar bezahlt.

Wer einem SLK begegnet, dessen Kennzeichen mit „SLK“ beginnt, braucht sich keine Hoffnungen machen: Dies ist kein Wunschkennzeichen. In diesem Fall ist der SLK im Salzlandkreis in Sachsen-Anhalt zugelassen, zu dem sich am 1. Juli 2007 die Kreise Aschersleben-Staßfurt (vorher ASL), Bernburg (vorher BBG) und Schönebeck (vorher SBK) zusammengeschlossen hatten. Wer sich das einmal genauer anschauen möchte: Sehenswürdigkeiten sind zum Beispiel das Schloss Bernburg, das älteste Soleheilbad Deutschlands (im Schönebecker Stadtteil Bad Salzelmen) oder das Schifferdorf Breitenhagen.

Wer sich dagegen eine gelbe SLK-Kühlermaske in einem Saloon anschauen möchte, muss etwas weiter reisen, denn eine solche hängt an der Wand des Sourdough Saloons in Beatty. Diese mit rund 1100 Einwohnern sehr kleine Gemeinde liegt in Nevada, genauer gesagt, ganz in der Nähe des Death Valley. Und so ist auch die Herkunft einfach erklärt: Das Death Valley ist wegen der hier herrschenden extrem hohen Temperaturen – im Sommer stabil um die 40 Grad Celsius, manchmal auch mehr – bei den Entwicklungsabteilungen der Autohersteller für die sogenannte „Hitzeerprobung“ sehr beliebt. Und irgendwann gehörte es zum guten Ton, beim alljährlichen Besuch nicht nur Dollarscheine, sondern auch Fahrzeugteile an die Wand zu tackern.

Kfz-Kennzeichen SLK: Im Salzlandkreis am östlichen Saaleufer steht auf einem hohen Sandsteinfelsen das Schloss Bernburg, das im Jahr 961 erstmalig urkundlich erwähnt wurde. Hier soll auch Till Eulenspiegel sein Unwesen getrieben haben

Weit weg von zu Hause: Diese Kühlermaske eines SLK hängt im Sourdough Saloon in Beatty (Nevada/USA) an der Wand. Wie kam sie dahin? Durch Hitzetests im Death Valley

Man sagt, das Wetter in England sei nicht immer das beste: Dennoch erfreut sich der SLK in Großbritannien großer Beliebtheit

Tolle Landschaft, tolle Autos: aber gemeinsam macht's noch mehr Spaß

Informationsquellen im Internet

Man kann versuchen, so viele Informationen wie möglich in ein Buch zu packen, aber der Platz ist natürlich beschränkt. Das ist im Internet anders, und zudem bietet sich hier durch die Interaktion mit anderen Usern die Möglichkeit, Antworten auf fast jede Frage zu finden. Daher hier einige Verweise auf Internetseiten, die dem SLK-Fan hilfreich sein können.

www.mbslk.de: Hier findet man alles, was das SLK-Herz begehrt: Modellgeschichten, Termine, Kleinanzeigen, Schraubertipps – ein riesiges Forum, und alles übersichtlich aufgeteilt in die drei Baureihen des SLK.

www.slkclassic.de: auf die Baureihe 170 spezialisiertes Forum. Für einige Bereiche ist eine kostenpflichtige Registrierung nötig.

www.slk-club.mercedes-benz-clubs.com: seit 2003 offizieller Mercedes-Benz-Markenclub (Mitgliedsbeitrag 40 Euro Aufnahme-, 50 Euro Jahresgebühr) mit Aktivitäten wie gemeinsame Ausfahrten oder SLK-Treffen. Zubehörkauf zu Clubkonditionen und kostenloser Bezug des „SLK-ClubMagazin".

www.slkworld.com: englischsprachiges Forum mit großer Community.

Ich war ein normaler 280er: jetzt unter anderem mit AMG-Bremsanlage und individuellem Leder

DÖRR GROUP
RICHARD MILLE
PORSCHE
Mission: Future Sportscar
Jahre
20 slkclassic.de
SLK

www.mercedes-fans.de und **www.mb-treff.de:** modellübergreifende Foren für Fahrzeuge von Mercedes-Benz.

www.chrysler-crossfire-forum.de: sehr professionelles und umfangreiches Forum über den Sportwagen von Chrysler auf Basis des SLK der Baureihe 170.

www.motor-talk.de: Europas größte Auto- und Motor-Community, markenübergreifend.

www.imcdb.org: ebenso speziell wie umfangreich – riesige Sammlung an Hinweisen, welches Auto wann in welchem Film welche Rolle spielte.

https://sourdough-saloon.business.site: Homepage des Saloons in Beatty (Nevada/USA), in dem die gelbe SLK-Kühlermaske hängt.

http://www.museumschlossbernburg.de: Wer einmal live sehen möchte, wie sich „SLK" auf einem Nummernschild macht, sollte in den Salzlandkreis fahren. Und dabei das Schloss Bernburg besichtigen.

Spezialisiert: Deutlich auf diesem Bild vom Nürburgring ist zu erkennen, dass sich slkclassic.de auf eine einzige Baureihe konzentriert – nämlich auf die erste

Saisonbeginn: Zu den Auftaktveranstaltungen kommen die meisten SLK zusammen – hier auf dem Hockenheimring.
Kleines Bild: 94 SLK nicht ganz zufällig geparkt

Lackierungen, Polster und Zierelemente SLK & SLC

■ Neu gegenüber Vorjahr

R 170 (ab 1996)	Uni-Lacke	Metallic-Lacke	Spezial-Lacke	Stoff „Caruso"	Leder
Katalog 08/1996	Schwarz (9040) Polarweiß (9149) Imperialrot (3582) Yellowstone (1685)	Smaragdschwarz (9189) Brillantsilber (9744) Vivianitgrün (6279) Linaritblau (5352)		Anthrazit (021) Mondrian (022) Mint (026) Scarlet (027)	Anthrazit (221) Mondrian (222) Quarz (225) Scarlet (227)
Katalog 05/1997	Schwarz (040) Firnweiß (143) Imperialrot (582) Yellowstone (685)	Smaragdschwarz (189) Brillantsilber (744) Vivianitgrün (279) Linaritblau (352)		Anthrazit (021) Mondrian (022) Mint (026) Scarlet (027)	Anthrazit (221) Mondrian (222) Quarz (225) Scarlet (227)
Katalog 08/1998	Schwarz (040) Firnweiß (143) Magmarot (586) Yellowstone (685)	Obsidianschwarz (197) Brillantsilber (744) Bernsteinrot (548) Vivianitgrün (279) Linaritblau (352)		Anthrazit (021) Mondrian (022) Mint (026) Scarlet (027)	Anthrazit (221) Mondrian (222) Quarz (225) Scarlet (227)

R 170 (ab 2000)	Uni-Lacke	Metallic-Lacke		Stoff „Arezzo"	Leder
Katalog 02/2000	Schwarz (040) Firnweiß (143) Magmarot (586) Yellowstone (685)	Obsidianschwarz (197) Brillantsilber (744) Bernsteinrot (548) Prismatingrün (810) Linaritblau (352) Lazulithblau (372)		Anthrazit (011) Merlinblau (012) Magmarot (017)	Anthrazit (221) Merlinblau (212) Magmarot (217) Siambeige (215) Lotosgelb (219)
Katalog 01/2001	Schwarz (040) Alabasterweiß (960) Magmarot (586) Yellowstone (685)	Obsidianschwarz (197) Brillantsilber (744) Bernsteinrot (548) Prismatingrün (810) Linaritblau (352) Lazulithblau (372)		Anthrazit (011) Merlinblau (012) Magmarot (017)	Anthrazit (221) Merlinblau (212) Magmarot (217) Siambeige (215) Lotosgelb (219)
Katalog 01/2002	Schwarz (040) Alabasterweiß (960) Magmarot (586) Yellowstone (685)	Obsidianschwarz (197) Brillantsilber (744) Bernsteinrot (548) Prismatingrün (810) Linaritblau (352) Lazulithblau (372)		Anthrazit / Anthrazit (011)	Anthrazit / Anthrazit (211 (881)* Anthrazit / Merlinblau (212) Anthrazit / Siambeige (215) Anthrazit / Magmarot (217 (887)* Anthrazit / Alpakagrau (888)*
Katalog 08/2002	Schwarz (040) Alabasterweiß (960) Magmarot (586) Yellowstone (685)	Obsidianschwarz (197) Brillantsilber (744) Bernsteinrot (548) Andraditgrün (816) Linaritblau (352) Lazulithblau (372) Cubanitsilber (723)		Anthrazit / Anthrazit (011)	Anthrazit / Anthrazit (211 (881)* Anthrazit / Merlinblau (212) Anthrazit / Siambeige (215) Anthrazit / Magmarot (217 (887)* Anthrazit / Alpakagrau (888)*

R 171 (ab 2004)	Uni-Lacke	Metallic-Lacke	Spezial-Lacke	Stoff „Sienna"	Leder
Katalog 03/2004	Schwarz (040) Alabasterweiß (960) Feueropal (590)	Obsidianschwarz (197) Telluritsilber (762) Bernsteinrot (548) Andraditgrün (816) Jaspisblau (345) Tansanitblau (359) Cubanitsilber (723) Iridiumsilber (775)	Benitoitblau (950)	Schwarz	Schwarz (871 (851)* Universumblau (872) Orientbeige (875 (855)* Akzentrot (877 (857)* Alpakagrau (878 (858) Nappa Tobaccobraun (844)
Katalog 10/2004	Schwarz (040) Alabasterweiß (960) Feueropal (590)	Obsidianschwarz (197) Telluriumsilber (762) Cubanitsilber (723) Iridiumsilber (775) Bernsteinrot (548) Andraditgrün (816) Jaspisblau (345) Tansanitblau (359)	Benitoitblau (950)	Schwarz	Schwarz (871 (851)* Universumblau (872) Orientbeige (875 (855)* Akzentrot (877 (857)* Alpakagrau (878 (858) Nappa Tobaccobraun (844)

Zierelemente
Serie: Carbon Optik

Bemerkungen

Zierelemente
Serie: Aluminiumdekor
Calyptus Linea
Vogelaugenahorn

Bemerkungen

Serie: Aluminiumdekor
Calyptus Linea
Vogelaugenahorn

Serie: Aluminiumdekor
Calyptus Linea
Vogelaugenahorn

*Code 881, 887 und 888 Variante für den SLK 32 AMG

Serie: Aluminiumdekor
Calyptus Linea
Vogelaugenahorn

*Code 881, 887 und 888 Variante für den SLK 32 AMG

Zierelemente
Serie: Silber
Vavona
designo Tamo Anthrazit (W16)
designo Pappel Natur (W61)

Bemerkungen
*Code 851, 855 und 857 Variante für den SLK 55 AMG

Serie: Silber
Vavona
designo Tamo Anthrazit (W16)
designo Pappel Natur (W61)

*Code 851, 855 und 857 Variante für den SLK 55 AMG

R 171 (ab 2004)	Uni-Lacke	Metallic-Lacke	Spezial-Lacke	Stoff „Sienna"	Leder
Katalog 05/2006	Schwarz (040) Calzitweiß (650) Feueropal (590)	Obsidianschwarz (197) Telluriumsilber (762) Cubanitsilber (723) Iridiumsilber (775) Thulitrot (541) Periklasgrün (300) Jaspisblau (345) Tansanitblau (359)	Benitoitblau (950)	Schwarz	Schwarz (801 (851)* Orientbeige (805 (855)* Akzentrot (807 (857)* Alpakagrau (808 (858)* Nappa Tobaccobraun (844) Nappa Schwarz (861)
Katalog 05/2007	Schwarz (040) Calzitweiß (650) Feueropal (590)	Obsidianschwarz (197) Telluriumsilber (762) Cubanitsilber (723) Iridiumsilber (775) Thulitrot (541) Periklasgrün (300) Jaspisblau (345) Tansanitblau (359)	Benitoitblau (950)	Schwarz	Schwarz (801 (851)* Orientbeige (805 (855)* Akzentrot (807 (857)* Alpakagrau (808 (858)* Nappa Tobaccobraun (864) Nappa Schwarz (861)

R 171 (ab 2008)	Uni-Lacke	Metallic-Lacke	Spezial-Lacke	Stoff	Leder
Katalog 12/2007	Schwarz (040) Calzitweiß (650) Feueropal (590)	Obsidianschwarz (197) Palladiumsilber (792) Cubanitsilber (723) Iridiumsilber (775) Thulitrot (541) Periklasgrün (300) Jaspisblau (345) Tansanitblau (359)	Prehnitgrün (430)	Schwarz (081)	Schwarz (801 (851)* Orientbeige (815 (855)* Gullwingrot (817 (887)* Alpakagrau (808 (858)* Nappa Naturbeige (874) Nappa Schwarz (861)
Katalog 03/2008	Schwarz (040) Calzitweiß (650) Feueropal (590)	Obsidianschwarz (197) Palladiumsilber (792) Cubanitsilber (723) Iridiumsilber (775) Thulitrot (541) Periklasgrün (300) Jaspisblau (345) Tansanitblau (359)	Prehnitgrün (430)	Schwarz (081)	Schwarz (801 (851)* Orientbeige (815 (855)* Gullwingrot (817 (887)* Alpakagrau (808 (858)* Nappa Naturbeige (874) Nappa Schwarz (861)
Katalog 06/2009	Schwarz (040) Calzitweiß (650) Feueropal (590)	Obsidianschwarz (197) Palladiumsilber (792) Tenoritgrau (755) Iridiumsilber (775) Thulitrot (541) Periklasgrün (300) Indigolithblau (230) Tansanitblau (359)	Prehnitgrün (430)	Schwarz (081)	Schwarz (801 (851)* Orientbeige (815 (855)* Gullwingrot (817 (887) Alpakagrau (808 (858)* Nappa Naturbeige (874) Nappa Schwarz (861)
Katalog 06/2010	Schwarz (040) Calzitweiß (650) Feueropal (590)	Obsidianschwarz (197) Palladiumsilber (792) Tenoritgrau (755) Iridiumsilber (775) Thulitrot (541) Periklasgrün (300) Indigolithblau (230) Tansanitblau (359)	Prehnitgrün (430)	Schwarz (081)	Schwarz (801 (851)* Orientbeige (815 (855)* Gullwingrot (817 (887)* Alpakagrau (808 (858)* Nappa Naturbeige (874) Nappa Schwarz (861)

Zierelemente

Serie: Silber
Vavona
designo Tamo Anthrazit (W16)
designo Pappel Natur (W61)

Bemerkungen

*Code 851, 855, 857 und 858 Variante für den SLK 55 AMG

Serie: Silber
Vavona
designo Tamo Anthrazit (W16)
designo Pappel Natur (W61)

*Code 851, 855, 857 und 858 Variante für den SLK 55 AMG

Zierelemente

Serie: Silber
Wurzelnuss hell (H12)
Esche schwarz (736)
designo Pappel Natur (W61)

Bemerkungen

*Code 851, 855, 887 und 858 Variante für den SLK 55 AMG

Serie: Silber
Avussilber (7H72)
Wurzelnuss hell (H12)
Esche schwarz (736)
Carbon (7K79)

*Code 851, 855, 887 und 858 Variante für den SLK 55 AMG

Serie: Silber
Avussilber (7H72)
Wurzelnuss hell (H12)
Esche schwarz (736)
Carbon (7K79)

*Code 851, 855, 887 und 858 Variante für den SLK 55 AMG

Serie: Silber
Avussilber (7H72)
Wurzelnuss hellbraun glänzend (H12)
Esche schwarz glänzend (736)
Carbon (7K79)
designo Pappel natur (W61)

*Code 851, 855, 887 und 858 Variante für den SLK 55 AMG

	Uni-Lacke	Metallic-Lacke	Spezial-Lacke	Stoff	Leder
R 172 (ab 2011) Katalog 01/2011	Schwarz (040) Feueropal (590)	Obsidianschwarz (197) Palladiumsilber (792) Tenoritgrau (755) Iridiumsilber (775) Indiumgrau (963) Perlbeige (794) Diamantweiß bright (799) Cavansitblau (890)	Galenitsilber (967) designo Zirkonrot (–)	Schwarz (001)	Schwarz (201) Kristallgrau (208) Saharabeige (205) Nappa Bengalrot (807) Exklusiv Nappa Bengalrot (507) Nappa Nussbraun (854) Exklusiv Nappa Nussbraun (554) Nappa Schwarz (801) Exklusiv Nappa Schwarz (501)
Katalog 01/2012	Schwarz (040) Feueropal (590) Calzitweiß (650)	Obsidianschwarz (197) Palladiumsilber (792) Tenoritgrau (755) Iridiumsilber (775) Indiumgrau (963) Diamantsilber (988) Diamantweiß bright (799) Cavansitblau (890)	Galenitsilber (967) designo Zirkonrot (–)	Schwarz (001)	Schwarz (201) Kristallgrau (208) Saharabeige (205) Nappa Bengalrot (807) Exklusiv Nappa Bengalrot (507) Nappa Nussbraun (854) Exklusiv Nappa Nussbraun (554) Nappa Schwarz (801) Exklusiv Nappa Schwarz (501)
Katalog 09/2013	Schwarz (040) Feueropal (590) Polarweiß (149)	Obsidianschwarz (197) Palladiumsilber (792) Tenoritgrau (755) Iridiumsilber (775) Indiumgrau (963) Diamantsilber (988) Cavansitblau (890)	designo Diamantweiß bright (799) designo Hyazinthrot metallic (996)	Schwarz (001)	Schwarz (201) Kristallgrau (208) Saharabeige (205) Nappa Bengalrot (807) Exklusiv Nappa Bengalrot (507) Nappa Nussbraun (854) Exklusiv Nappa Nussbraun (554) Nappa Schwarz (801) Exklusiv Nappa Schwarz (501)
Katalog 09/2014	Schwarz (040) Feueropal (590) Polarweiß (149)	Obsidianschwarz (197) Palladiumsilber (792) Tenoritgrau (755) Iridiumsilber (775) Indiumgrau (963) Diamantsilber (988) Cavansitblau (890)	designo Diamantweiß bright (799) designo Hyazinthrot metallic (996)	Schwarz (001)	Schwarz (201) Kristallgrau (208) Saharabeige (205) Nappa Bengalrot (807) Exklusiv Nappa Bengalrot (507) Nappa Nussbraun (854) Exklusiv Nappa Nussbraun (554) Nappa Schwarz (801) Exklusiv Nappa Schwarz (501)
Katalog 03/2015	Schwarz (040) Feueropal (590) Polarweiß (149)	Obsidianschwarz (197) Selenitgrau (992) Iridiumsilber (775) Indiumgrau (963) Diamantsilber (988) Cavansitblau (890)	designo Diamantweiß bright (799) designo Hyazinthrot metallic (996) designo Cerussitgrau magno (281)	Schwarz (001)	Schwarz (201) Kristallgrau (208) Saharabeige (205) Nappa Bengalrot (807) Exklusiv Nappa Bengalrot (507) Nappa Nussbraun (854) Exklusiv Nappa Nussbraun (554) Nappa Schwarz (801) Exklusiv Nappa Schwarz (501)

R 172 (ab 2016)	Uni-Lacke	Metallic-Lacke	Spezial-Lacke	Stoff	Leder
Katalog 03/2016	Schwarz (040) Feueropal (590) Polarweiß (149)	Obsidianschwarz (197) Selenitgrau (992) Iridiumsilber (775) Indiumgrau (963) Diamantsilber (988) Brillantblau (896)	designo Diamantweiß bright (799) designo Hyazinthrot metallic (996) designo Cerussitgrau magno (281)	Schwarz (001)	Schwarz (201) Saharabeige (205) Nappa Sattelbraun (834) Exklusiv Nappa Sattelbraun (534) Nappa Platinweiß pearl/schwarz (865) Exklusiv Nappa Platinweiß pearl/schwarz (565) Nappa Bengalrot/Schwarz (867) Exklusiv Nappa Bengalrot/Schwarz (567) Schwarz mit roter Kontrastziernaht (221) Nappa Schwarz (831) Exklusiv Nappa Schwarz (531)

Zierelemente **Bemerkungen**

Serie: Aluminium gebürstet mit Längsschliff (H76)
Esche schwarz glänzend (736)
Wurzelnuss dunkelbraun (731)

Serie: Aluminium gebürstet mit Längsschliff (H76)
Esche schwarz glänzend (736)
Wurzelnuss dunkelbraun (731)

Serie: Aluminium gebürstet mit Längsschliff (H76)
Esche schwarz glänzend (736)
Wurzelnuss dunkelbraun (731)
AMG Zierelement Carbon (H73)

Serie: Aluminium gebürstet mit Längsschliff (H76)
Esche schwarz glänzend (736)
Wurzelnuss dunkelbraun (731)
AMG Zierelement Carbon (H73)

Serie: Aluminium gebürstet mit Längsschliff (H76)
Esche schwarz glänzend (736)
Wurzelnuss dunkelbraun (731)
AMG Zierelement Carbon (H73)

Zierelemente **Bemerkungen**

Serie: Aluminium mit Carbonschliff hell (H78)
Aluminium mit Carbonschliff dunkel (H74)
Esche schwarz glänzend (736)
Wurzelnuss dunkelbraun (731)
AMG Zierelement Carbon (H73)
designo Klavierlack schwarz (W69)

R 172 (ab 2016)	Uni-Lacke	Metallic-Lacke	Spezial-Lacke	Ledernachbildung ARTICO	Leder
Katalog 03/2017	Schwarz (040) Polarweiß (149)	Obsidianschwarz (197) Selenitgrau (992) Iridiumsilber (775) Indiumgrau (963) Diamantsilber (988) Brillantblau (896)	designo Diamantweiß bright (799) designo Hyazinthrot metallic (996) designo Cerussitgrau magno (281)	Schwarz (001) Saharabeige (105)	Schwarz (201) Saharabeige (205) Nappa Sattelbraun (834) Exklusiv Nappa Sattelbraun (534) Nappa Platinweiß pearl/schwarz (865) Exklusiv Nappa Platinweiß pearl/schwarz (565) Nappa Bengalrot/Schwarz (867) Exklusiv Nappa Bengalrot/Schwarz (567) Schwarz mit roter Kontrastziernaht (221) Nappa Schwarz (831) Exklusiv Nappa Schwarz (531)
Preisliste 05/2018	Schwarz (040) Polarweiß (149) Jupiterrot (589)	Obsidianschwarz (197) Selenitgrau (992) Iridiumsilber (775) Indiumgrau (963) Graphitgrau (831) Brillantblau (896)	designo Diamantweiß bright (799) designo Hyazinthrot metallic (996) designo Cerussitgrau magno (281)	Schwarz (101) Saharabeige (105)	Schwarz (201) Saharabeige (205) Nappa Sattelbraun (834) Exklusiv Nappa Sattelbraun (534) Nappa Platinweiß pearl/schwarz (865) Exklusiv Nappa Platinweiß pearl/schwarz (565) Nappa Bengalrot/Schwarz (867) Exklusiv Nappa Bengalrot/Schwarz (567) Nappa Schwarz (831) Exklusiv Nappa Schwarz (531)
Preisliste 10/2019	Schwarz (040) Polarweiß (149) Jupiterrot (589) Sonnengelb (914)	Obsidianschwarz (197) Selenitgrau (992) Iridiumsilber (775) Indiumgrau (963) Graphitgrau (831) Brillantblau (896)	designo Diamantweiß bright (799) designo Patagonienrot metallic (993) designo Cerussitgrau magno (281)	Schwarz (101) Saharabeige (105)	Schwarz (201) Saharabeige (205) Nappa Sattelbraun (834) Exklusiv Nappa Sattelbraun (534) Nappa Platinweiß pearl/schwarz (865) Exklusiv Nappa Platinweiß pearl/schwarz (565) Nappa Bengalrot/Schwarz (867) Exklusiv Nappa Bengalrot/Schwarz (567) Nappa Schwarz (831) Exklusiv Nappa Schwarz (531)

Zierelemente	**Bemerkungen**
Serie: Aluminium mit Carbonschliff hell (H78) Aluminium mit Carbonschliff dunkel (H74) Esche schwarz glänzend (736) Wurzelnuss dunkelbraun (731) AMG Zierelement Carbon (H73) designo Klavierlack schwarz (W69)	
Serie: Aluminium mit Carbonschliff hell (H78) Aluminium mit Carbonschliff dunkel (H74) Esche schwarz glänzend (736) Wurzelnuss dunkelbraun (731) AMG Zierelement Carbon (H73) designo Klavierlack schwarz (W69)	
Serie: Aluminium mit Carbonschliff hell (H78) Aluminium mit Carbonschliff dunkel (H74) Esche schwarz glänzend (736) Wurzelnuss dunkelbraun (731) AMG Zierelement Carbon (H73) designo Klavierlack schwarz (W69)	Sonnengelb (914) nur für Sondermodell Final Edition

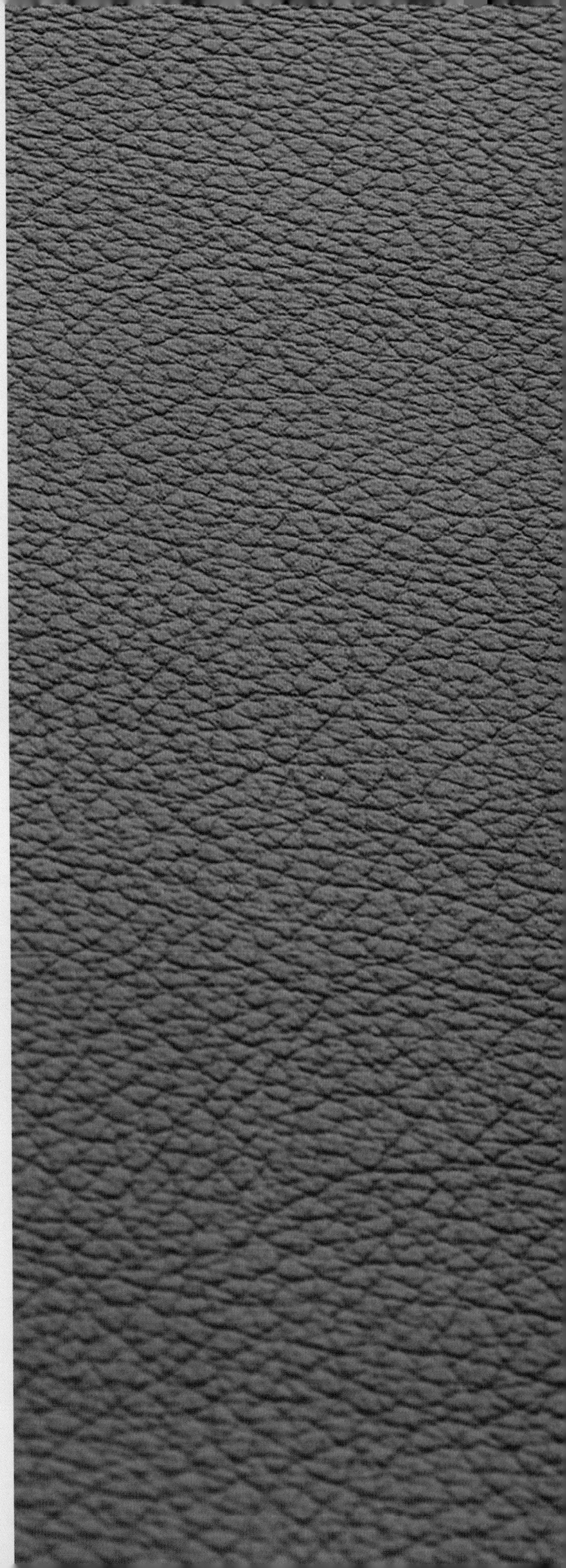

Im Bild

Lacke, Räder, Polster, Zierelemente und Lenkräder

Auf den folgenden Seiten finden sich die Design-Varianten des letzten Modells samt den dazugehörigen Bestell-Codes in Klammern.

Lacke

Drei Uni-Lacke, sechs Metallic-Lacke und drei designo-Lacke standen zuletzt zur Auswahl, außerdem das Sonnengelb für die Final Edition, das an das „Yellowstone“ des ersten Modells erinnern sollte.

Sonnengelb (914), exklusiv für Final Edition

Schwarz (040)

Obsidianschwarz metallic (197)

Polarweiß (149)

Iridiumsilber metallic (775)

Jupiterrot (589)

Graphitgrau metallic (831)

Indiumgrau metallic (963)

designo Cerussitgrau magno (281)

Selenitgrau metallic (992)

Brillantblau metallic (896)

designo Patagonienrot metallic (993)

designo Diamantweiß bright (799)

Räder

17 Raddesigns, davon zwei exklusiv für die Final Edition, machten die Wahl nicht leicht. Doch auch der Geldbeutel hatte ein Mitspracherecht.

43,2 cm (17») Leichtmetallräder im Vielspeichen-Design (R81). Reifengröße vorn 225/45, hinten 245/40

40,6 cm (16») Leichtmetallräder im 5-Speichen-Design (R23), Serie bei SLC 200. Reifengröße 205/55 vorn und hinten

43,2 cm (17») Leichtmetallräder im 10-Speichen-Design, palladiumsilber lackiert und glanzgedreht (R93). Reifengröße vorn 225/45, hinten 245/40

40,6 cm (16») Leichtmetallräder im 9-Speichen-Design (R12), ohne Aufpreis für SLC 200 und 300 wählbar. Reifengröße 205/55 vorn und hinten

45,7 cm (18») Leichtmetallräder im 5-Doppelspeichen-Design, palladiumsilber lackiert und glanzgedreht (22R). Reifengröße vorn 225/40, hinten 245/35

43,2 cm (17») Leichtmetallräder im 5-Speichen-Design (37R), Serie bei SLC 300. Reifengröße vorn 225/45, hinten 245/40

45,7 cm (18») Leichtmetallräder im 5-Doppelspeichen-Design, tremolitgrau lackiert und glanzgedreht (35R). Reifengröße vorn 225/40, hinten 245/35

43,2 cm (17») Leichtmetallräder im 10-Speichen-Design (R35). Reifengröße vorn 225/45, hinten 245/40

45,7 cm (18») Leichtmetallräder im 5-Dreifachspeichen-Design, matt schwarz lackiert und glanzgedreht (47R). Reifengröße vorn 225/40, hinten 245/35

45,7 cm (18») AMG Leichtmetallräder im 5-Speichen-Design, titangrau lackiert und glanzgedreht (792), Serie bei AMG Line. Reifengröße vorn 225/40, hinten 245/35

45,7 cm (18») Leichtmetallräder im 5-Doppelspeichen-Design (R70), Serie bei Sport-Paket. Reifengröße vorn 225/40, hinten 245/35

45,7 cm (18») AMG Leichtmetallräder im Vielspeichen-Design, hochglanzschwarz und glanzgedreht (91R), Serie bei SLC 43 und bei AMG Night Paket, Option bei AMG Line. Reifengröße vorn 225/40, hinten 245/35, bei SLC 43 vorn 235/40, hinten 255/35

45,7 cm (18») AMG Leichtmetallräder im Vielspeichen-Design, titangrau lackiert und glanzgedreht (85R), ohne Aufpreis für SLC 43, Option bei AMG Line. Reifengröße vorn 225/40, hinten 245/35, bei SLC 43 vorn 235/40, hinten 255/35

45,7 cm (18») AMG Leichtmetallräder im 10-Speichen-Design (796), nur für SLC 43. Reifengröße vorn 235/40, hinten 255/35

45,7 cm (18») AMG Leichtmetallräder im 5-Speichen-Design (RQJ), exklusiv für Final Edition. Reifengröße vorn 225/40, hinten 245/35

45,7 cm (18») AMG-Leichtmetallräder im 10-Speichen-Design (607), nur für SLC 43. Reifengröße vorn 235/40, hinten 255/35

45,7 cm (18») AMG Leichtmetallräder im 5-Speichen-Design (RQK), exklusiv für SLC 43 Final Edition. bei SLC 43 vorn 235/40, hinten 255/35

Polster

Der Unterschied zwischen „Leder Nappa“ und dem teureren „Leder Exklusiv Nappa“ bestand darin, dass bei der Exklusiv-Variante zusätzlich auch die Oberteile der Instrumententafel und der Türen mit schwarzem Nappaleder bezogen waren. Daher machen hier nur einmal zwei Bilder (bei Sattelbraun) den Unterschied deutlich. Für die designo-Ausstattungen galt die gleiche Logik, daher sind hier alle Abbildungen, jeweils in der ein- und zweifarbigen Ausführung, in der Ausführung „Exklusiv“ dargestellt.

Leder Nappa sattelbraun (834)

Leder Exklusiv Nappa sattelbraun (534)

Ledernachbildung ARTICO schwarz (101), Serie bei SLC 200 und 300

Leder Nappa platinweiß pearl / schwarz (865)

Leder schwarz (201)

Leder Nappa bengalrot / Schwarz (867)

Leder saharabeige (205), ohne Aufpreis für SLC 43

Leder Nappa schwarz (831)

Leder schwarz und rote Sicherheitsgurte (221), exklusiv für Sport Paket und AMG Line

Leder Nappa / Mikrofaser DINAMICA schwarz und rote Sicherheitsgurte (711), exklusiv für Sport Paket und AMG Line

Leder Nappa / Mikrofaser DINAMICA schwarz (751), Serie für SLC 43

Leder Nappa / Mikrofaser DINAMICA schwarz / silber pearl (718), exklusiv für Final Edition

designo Leder Exklusiv maron einfarbig (X06)

designo Leder Exklusiv maron zweifarbig (X96)

designo Leder Exklusiv sand einfarbig (X10)

designo Leder Exklusiv sand zweifarbig (X77)

designo Leder Exklusiv pastellgelb einfarbig (X12)

designo Leder Exklusiv pastellgelb zweifarbig (X78)

designo Leder Exklusiv classicrot einfarbig (X17)

designo Leder Exklusiv platinweiß zweifarbig (X60)

designo Leder Exklusiv porzellan einfarbig (X27)

designo Leder Exklusiv hellbraun einfarbig (X35)

designo Leder Exklusiv porzellan zweifarbig (X87)

designo Leder Exklusiv hellbraun zweifarbig (X63)

designo Leder Exklusiv classicrot zweifarbig (X83)

designo Leder Exklusiv tiefschwarz einfarbig (X39)

designo Leder Exklusiv red pepper einfarbig (X41)

designo Leder Exklusiv red pepper zweifarbig (X51)

designo Leder Exklusiv curcuma einfarbig (X42)

designo Leder Exklusiv curcuma zweifarbig (X52)

designo Leder Exklusiv tiefweiß einfarbig (X46)

designo Leder Exklusiv tiefweiß zweifarbig (X72)

Zierelemente

Aluminium mit Carbonschliff hell (H78)

Aluminium mit Carbonschliff dunkel (H74)

Holz Esche schwarz glänzend (736)

designo Klavierlack schwarz (W69)

AMG Carbon (H73)

Holz Wurzelnuss braun glänzend (731), nicht für Sport-Paket und AMG Line

Lenkräder

Multifunktions-Sportlenkrad in Leder Nappa (L5C), Serie bei SLC 200 und 300

Multifunktions-Sportlenkrad in Leder Nappa / Mikrofaser DINAMICA (L5I), Serie für SLC 43

Multifunktions-Sportlenkrad in Leder Nappa, oberes und unteres Segment in Carbonleder-Optik (L5B), exklusiv für Final Edition

Wer alles, aber auch wirklich alles über den SLC weiß, hat es vielleicht bemerkt: Die Abbildungen der Ledernachbildung ARTICO in Saharabeige (105), die sich ohne Aufpreis für SLC 200 und 300 wählen ließ, das Bild der designo-Ausstattung Leder Exklusiv Platinweiß einfarbig (X30) und das des Multifunktions-Sportlenkrads in Holz-Leder-Ausführung in Leder Nappa (L5D) fehlen. Diese Bilder ließen sich einfach nicht auftreiben.

Maßzeichnungen

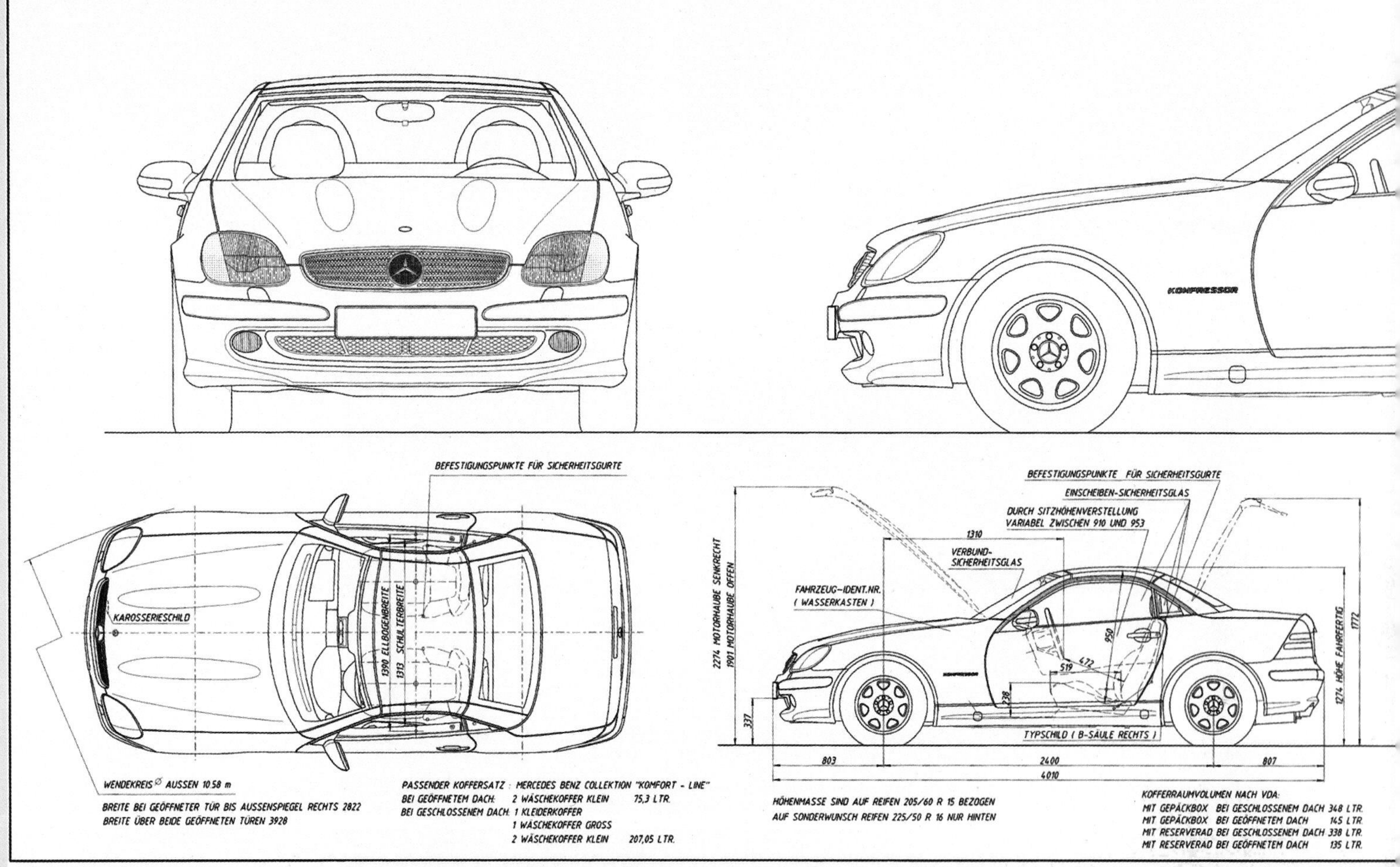

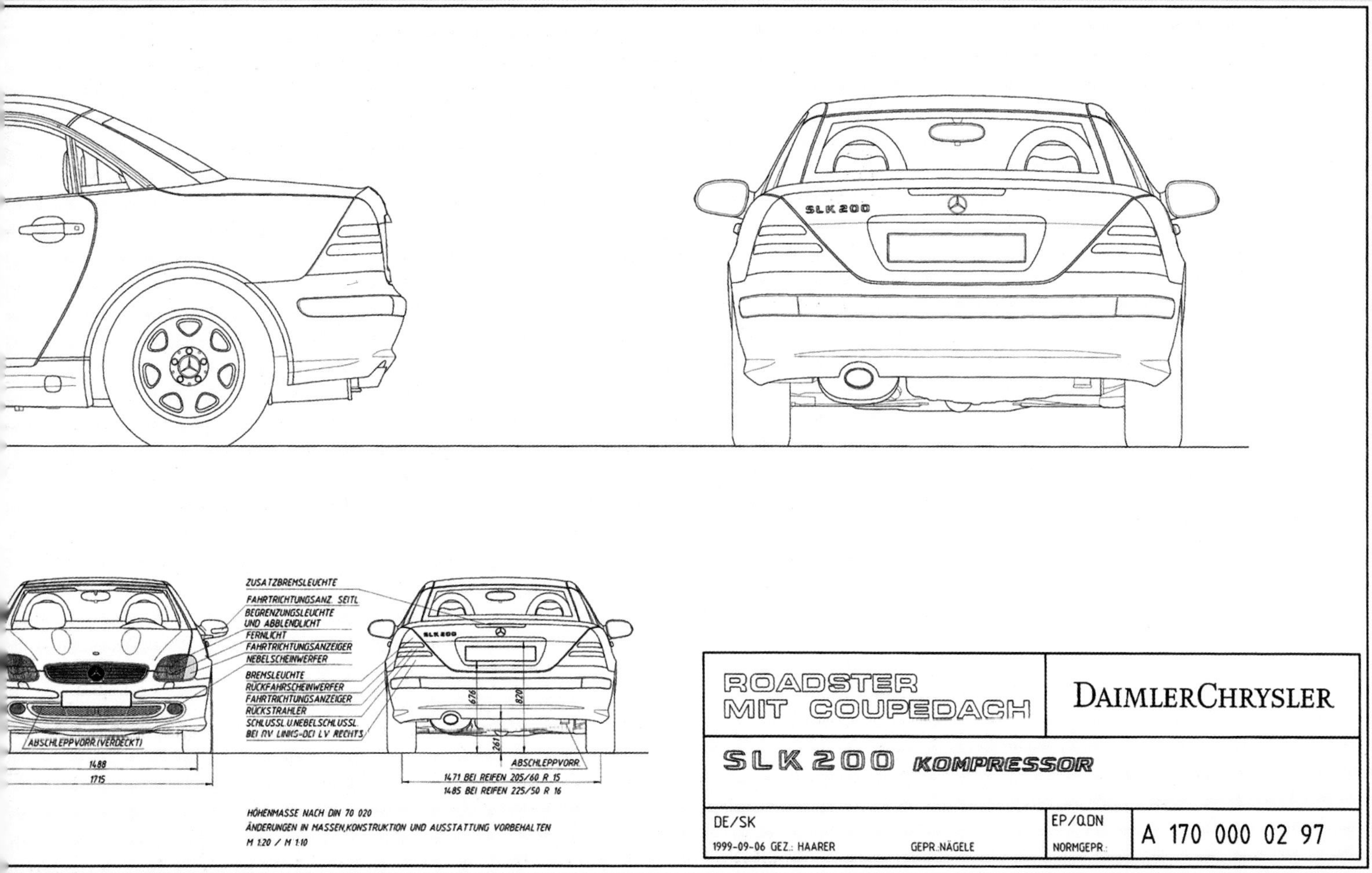

SLK 200
ZUSATZBREMSLEUCHTE
FAHRTRICHTUNGSANZ. SEITL.
BEGRENZUNGSLEUCHTE UND ABBLENDLICHT
FERNLICHT
FAHRTRICHTUNGSANZEIGER
NEBELSCHEINWERFER
BREMSLEUCHTE
RÜCKFAHRSCHEINWERFER
FAHRTRICHTUNGSANZEIGER
RÜCKSTRAHLER
SCHLUSSL.U.NEBELSCHLUSSL. BEI RV LINKS-BEI LV RECHTS
ABSCHLEPPVORR.(VERDECKT)
1488
1715
676
820
261
ABSCHLEPPVORR.
1471 BEI REIFEN 205/60 R 15
1485 BEI REIFEN 225/50 R 16
HÖHENMASSE NACH DIN 70 020
ÄNDERUNGEN IN MASSEN,KONSTRUKTION UND AUSSTATTUNG VORBEHALTEN
M 1:20 / M 1:10
ROADSTER MIT COUPEDACH
DAIMLERCHRYSLER
SLK 200 KOMPRESSOR
DE/SK
1999-09-06 GEZ.: HAARER
GEPR.:NÄGELE
EP/Q.DN
NORMGEPR.:
A 170 000 02 97

Maße R170

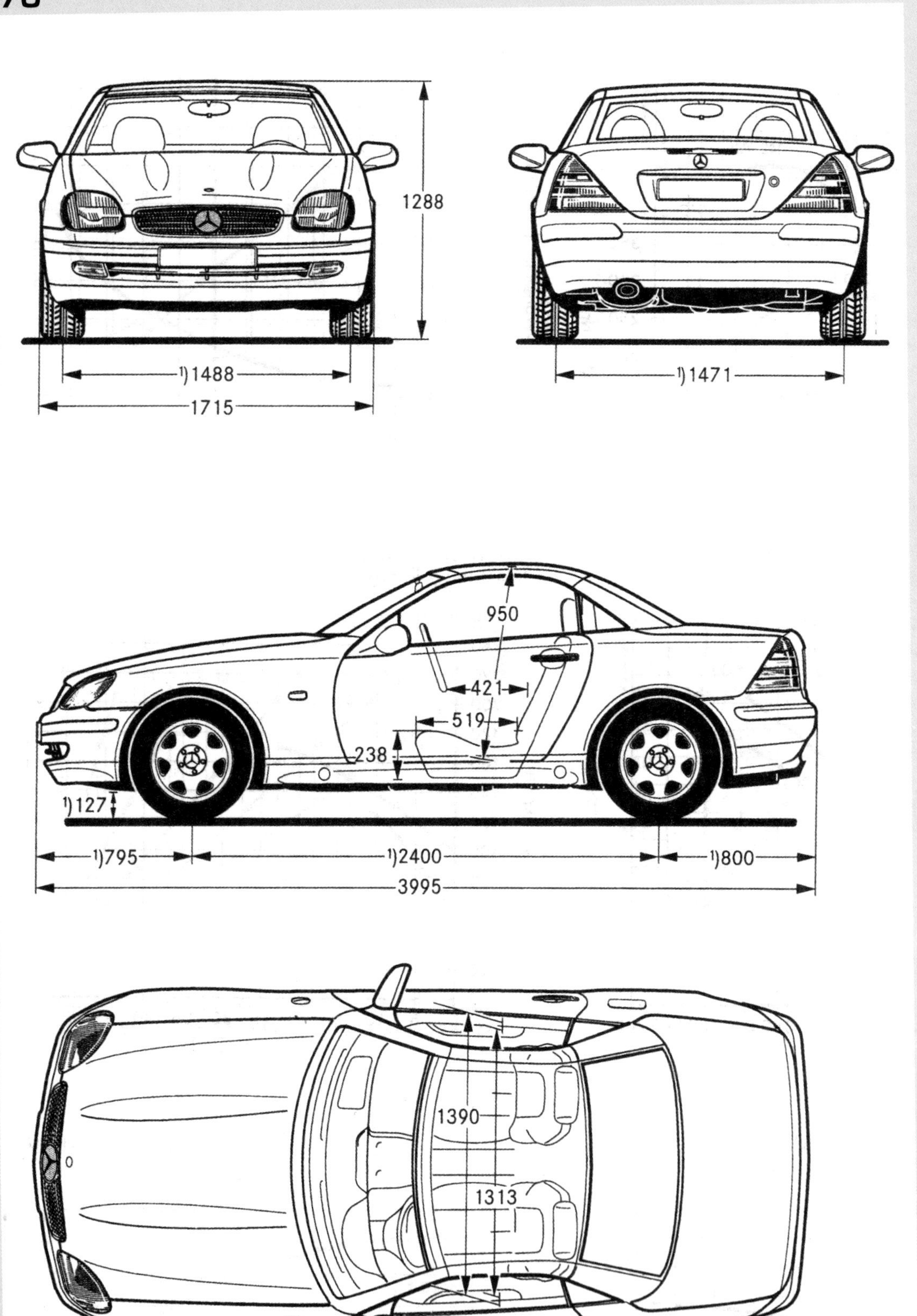
1288
1) 1488
1715
1) 1471
950
421
519
238
1) 127
1) 795
1) 2400
1) 800
3995
1390
1313

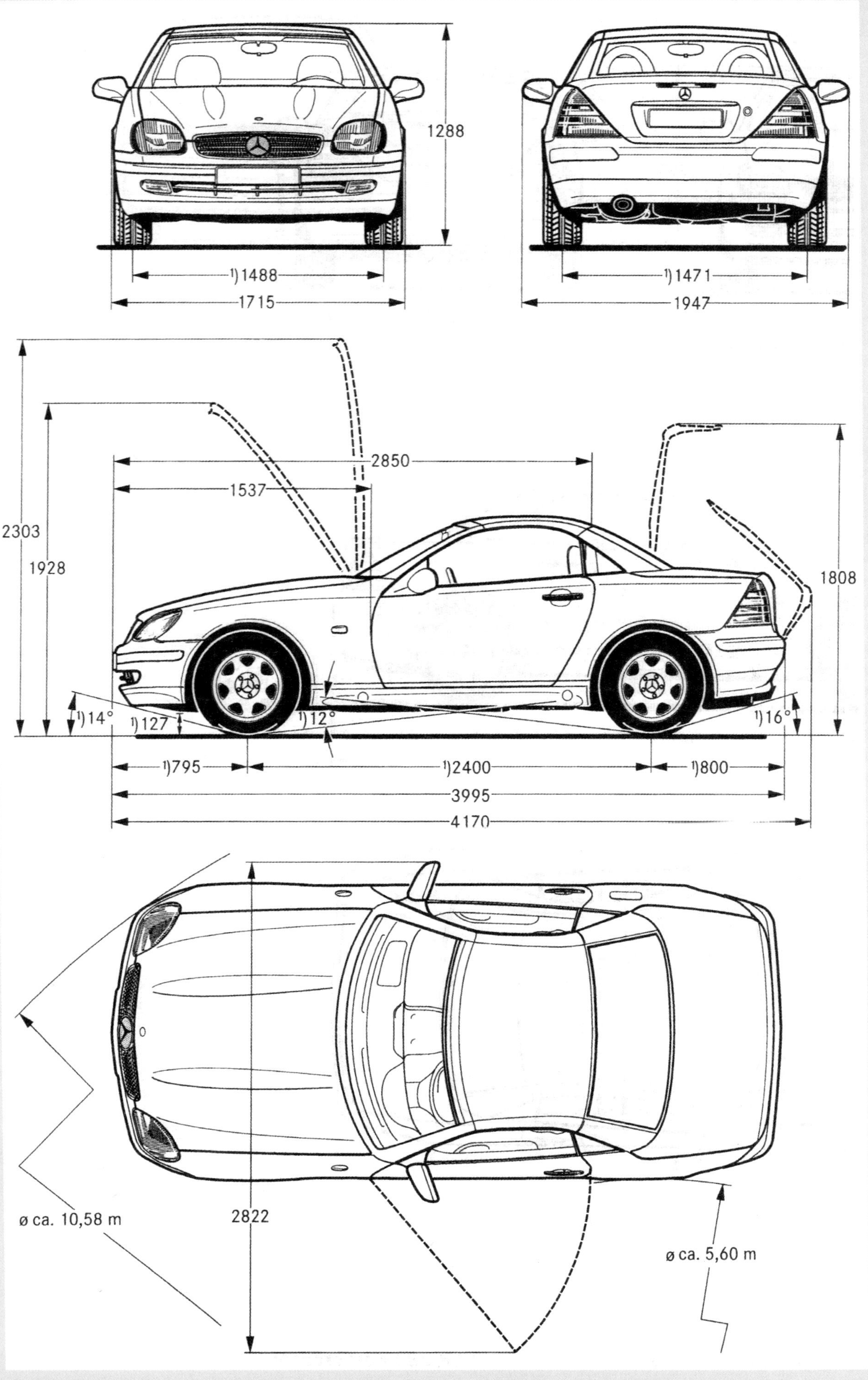
1288
1) 1488
1715
1) 1471
1947
2850
1537
2303
1928
1808
1) 14°
1) 127
1) 12°
1) 16°
1) 795
1) 2400
1) 800
3995
4170
ø ca. 10,58 m
2822
ø ca. 5,60 m

Maße R171

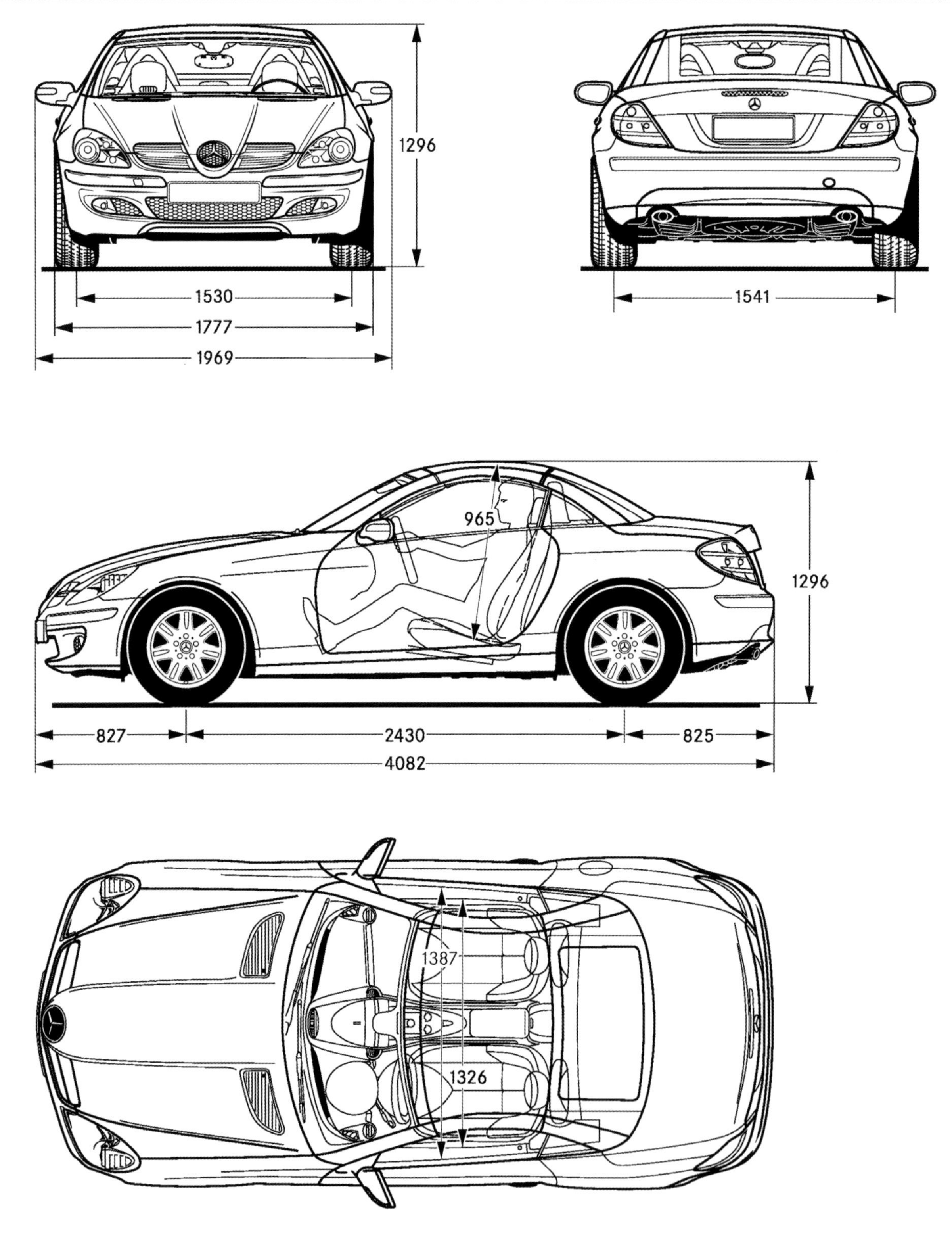

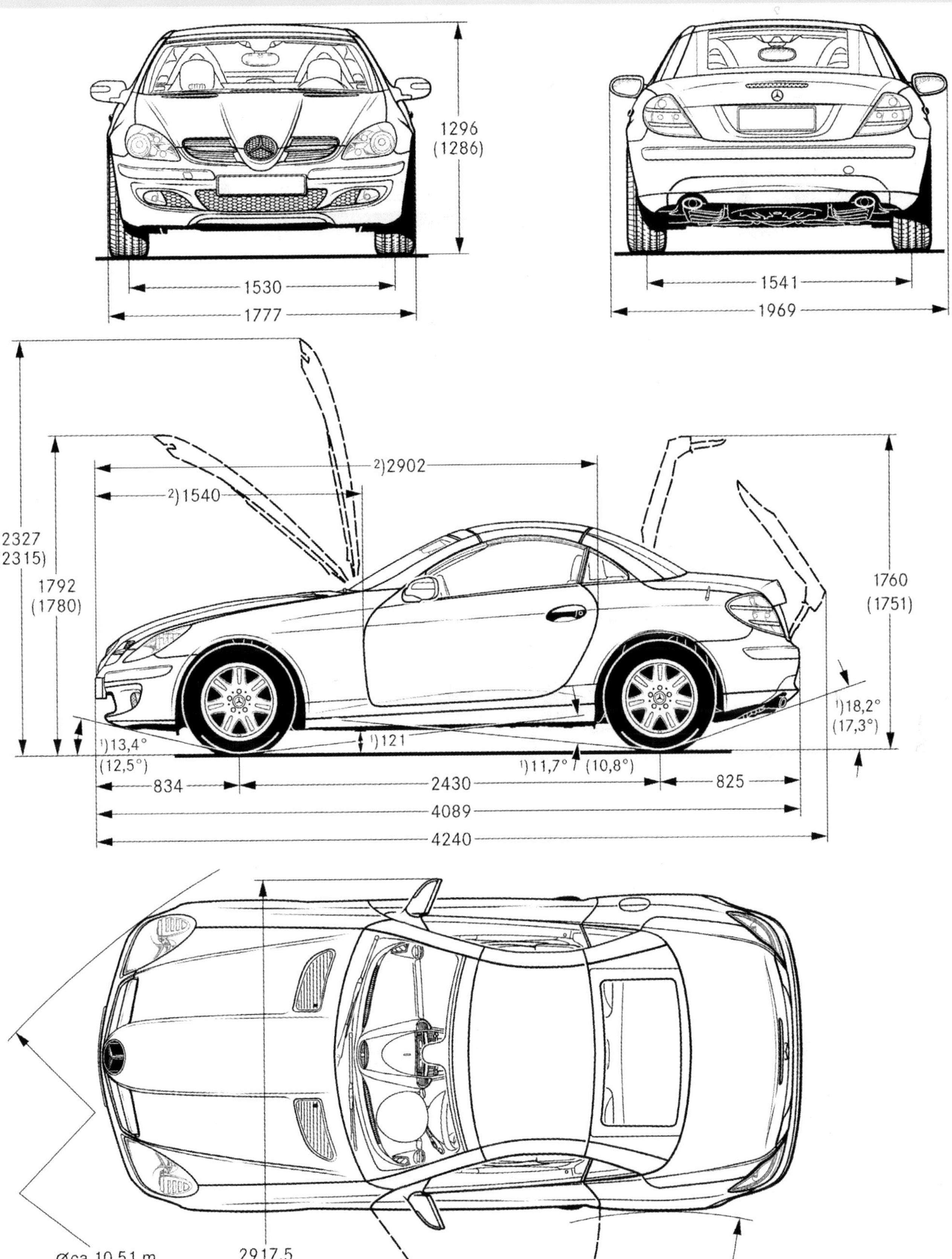
1296
(1286)
1530
1777
1541
1969
2)2902
2)1540
2327
(2315)
1792
(1780)
1760
(1751)
1)18,2°
(17,3°)
1)13,4°
(12,5°)
1)121
1)11,7°
(10,8°)
834
2430
825
4089
4240
Øca.10,51 m
2917,5
Øca.5,21 m

Maße R172

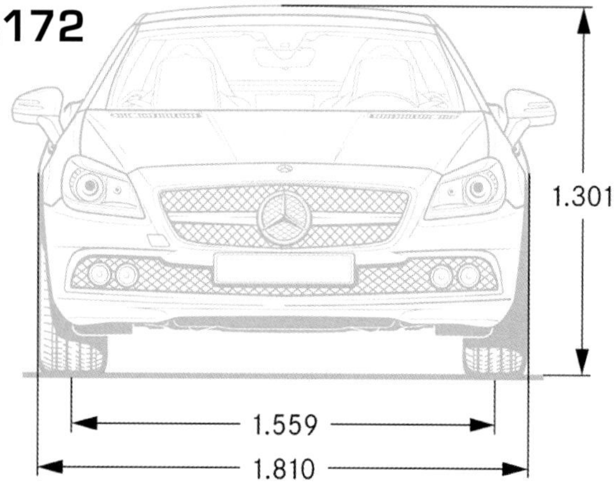
1.301
1.559
1.810

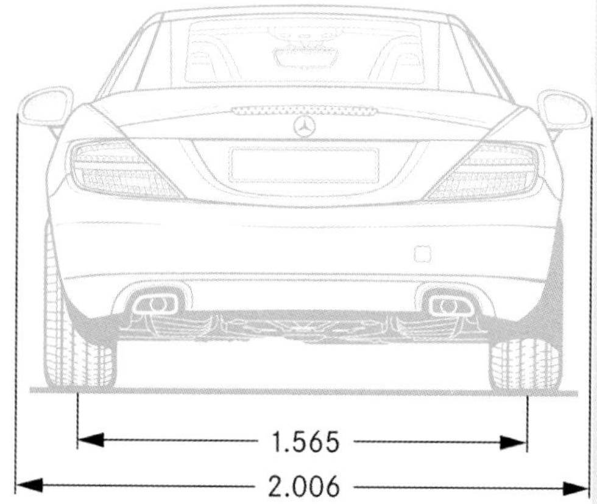
1.565
2.006

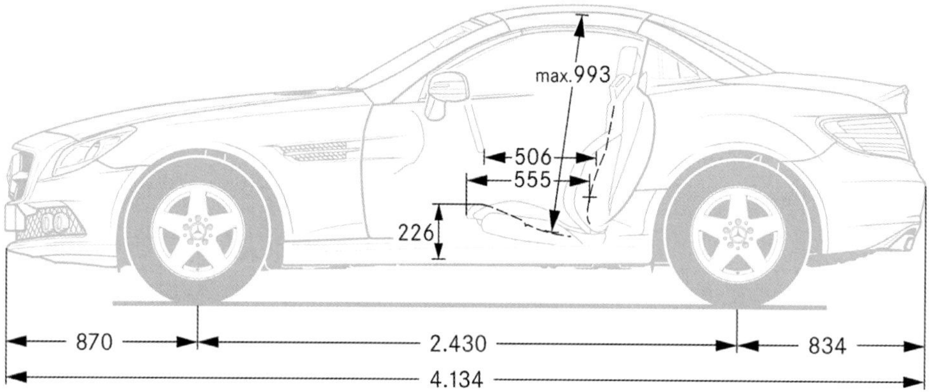
max. 993
506
555
226
870
2.430
834
4.134

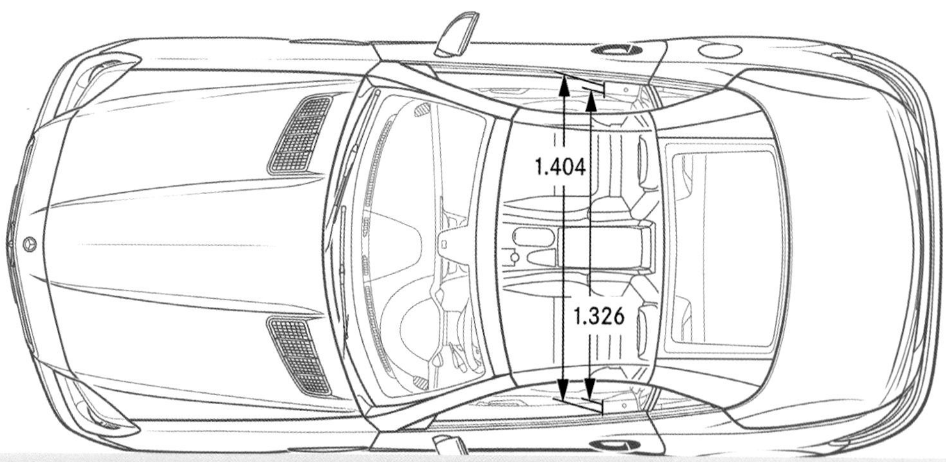
1.404
1.326

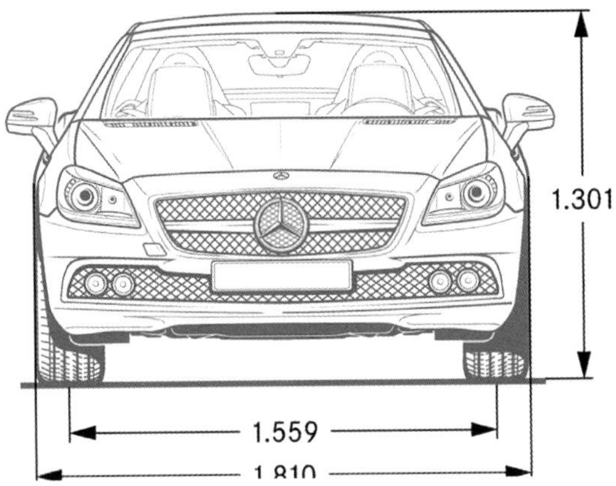
1.301
1.559
1.810

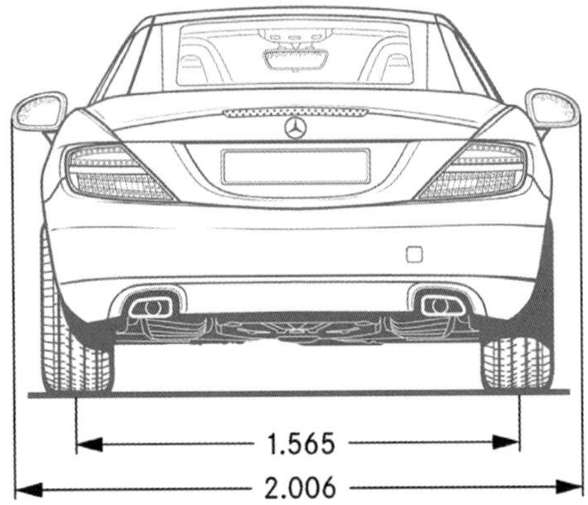
1.565
2.006

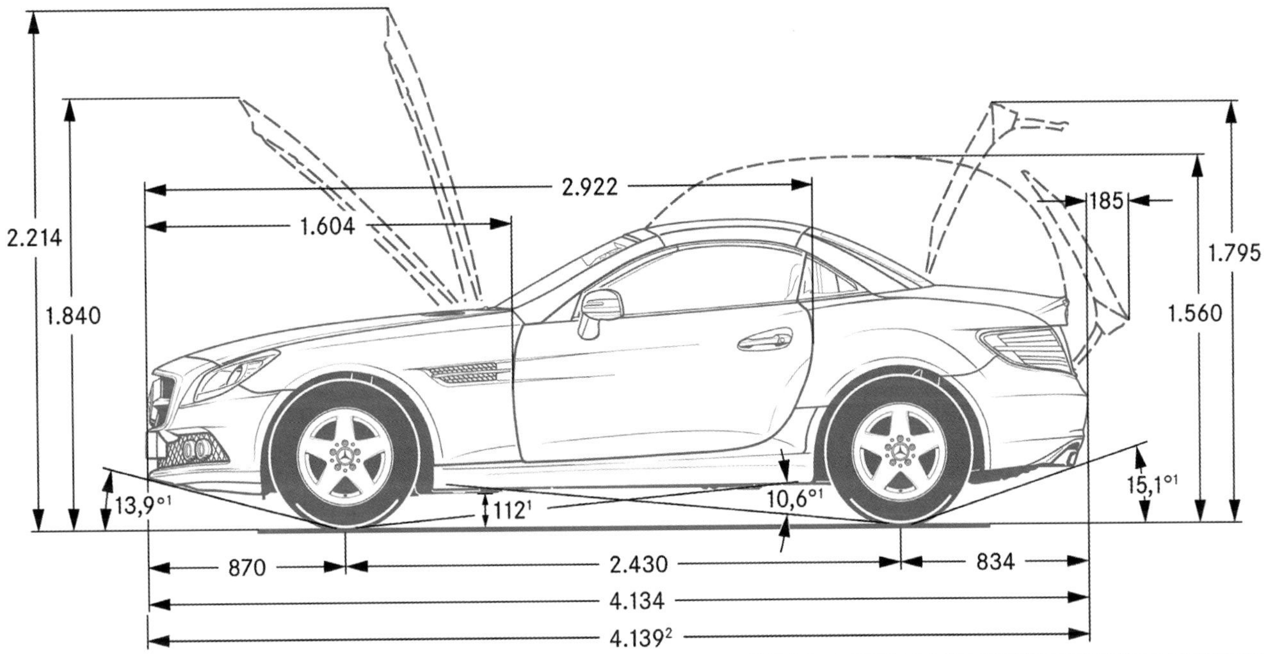
2.922
1.604
2.214
1.840
185
1.795
1.560
13,9°1
112 1
10,6°1
15,1°1
870
2.430
834
4.134
4.139 2

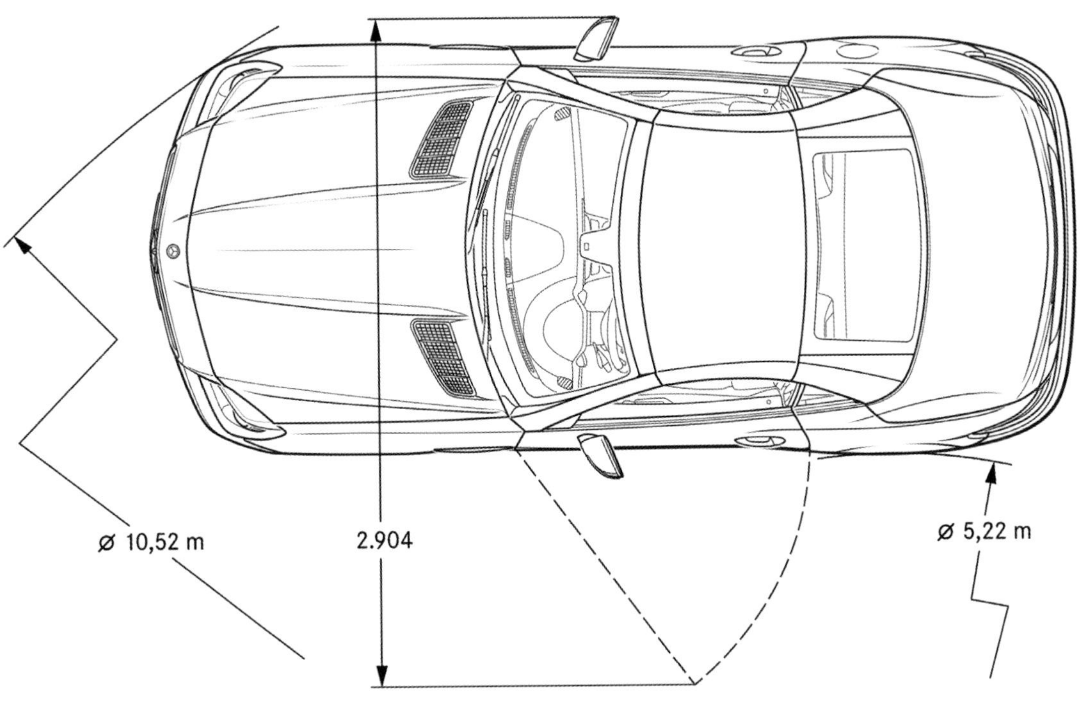
ø 10,52 m
2.904
ø 5,22 m

Stichwortverzeichnis

190 SL 8–10, 16, 81, 144
2LOOK Edition 138, 139
300 SL 8, 9, 12, 18, 19, 141, 144, 183
300 SL Roadster 8, 9, 144
7G-TRONIC 100, 110, 120, 153
9G-TRONIC 180
ABS ..... 33, 48, 74, 86, 87, ... 140, 141, 147, 218–221
Abschleppschutz 51
ADAPTIVE BRAKE 159
AIRGUIDE 157
AIRSCARF ..... 100, 101, 125, ... 164, 178, 182, 210
Ambientebeleuchtung 164, 187
AMG Driving Academy 139
AMG Handling Package 168
AMG Line ..... 177, 178, 195, 204, ... 210, 245, 247, 250
AMG Performance Lenkrad 210
AMG RIDE CONTROL 201
AMG SPEEDSHIFT 140, 141, 219
AMG Sportsitze 79, 110, 111, 210
AMG Styling ..... 16, 67, 109, 147, 163, ... 164, 177, 195, 210
Ansaugrohr 97
Antiblockiersystem 16, 40, 74
Antriebsschlupfregelung 73
Antriebs-Schlupfregelung ... 16, 33, 48, 50
Asia Cup 119
ASR 33, 48, 49, 73, 74
ATTENTION ASSIST 159
Audi quattro Roadster 30
Audi TT Roadster 45
BAS 48, 159
bb Magic Top 7 30
Bi-Xenon-Scheinwerfer 102, 157
Black Series 119–121
BlueEFFICIENCY 152, 153, 177, 218, 219
BlueTEC 180
Bluetooth 134, 198
BMW Z3 ..... 18, 44
Brems-Assistent-System 48
Bruno Sacco 12
C 111 169
Carbon-Design 21, 121, 210
CarbonLOOK Edition 178
Check Engine 71
Chrysler Crossfire 5, 88, 231
COLLISION PREVENTION ASSIST 181
COMAND APS 105, 106, 134
COMAND online ..... 162, 163, ... 176–178, 187, 198
Controller 146, 162
D2B 51
Dachfalltest 31, 32
Diamantgrill 186, 194, 195, 199, 204
Diesel ..... 103, 118, 168, 169, 179, ... 182, 192, 204, 218, 222
Diffusor 129, 187, 195, 201, 204
Digital Domestic Bus 51
Digitale Betriebsanleitung 178
Direktlenkung 132–134, 155
DISTRONIC PLUS ..... 159, 161, ... 176, 181, 187
Doppelquerlenker-Vorderachse 40, 108
Drehstab-Stabilisator ..... 75, 86, 87, ... 140, 141, 218–221
Dreilenkerachse . 108, 140, 141, 218–221
DYNAMIC SELECT 193, 195
Dynamische Leuchtweitenregelung 61
eCall 176
Eclipse 30
ECO-Anzeige 176
Edition 1 ..... 163, 164, 168
Edition 10 ..... 123, 124, 125
EDW 51
Einbruch- und Diebstahlwarnanlage 51
Elektronisches Stabilitätsprogramm 31, 73, 74
Elektronisches Traktions-System 48, 74
Ellerbeck Convertible Coupe 30
Ellipsoid-Stirnwand 31, 75
ESP ..... 31, 73, 74, 87, 101, 140, ... 141, 147, 156, 201, 218–221
ETS 48, 74
Exportmodell 24, 224
Fairlane 500 Retractable 30
Faltrad 29
Faustsättel 40
Federweg 40, 61
Final Edition ..... 81, 82, 84, 210–212, 214, ... 216, 224, 241, 242, 244, 245, 247, 251
Finne ..... 109, 139, 194, 195, ... 199, 201, 204, 210
Flügeltürer 8, 146, 169, 183
Ford 17 M Sportolet 30
Formel 1 ..... 5, 91, 92, 93, 94, ... 112, 119, 120, 144, 173
Frontsplitter 195, 201, 204, 210
Garagentoröffner 51, 67
Georges Auguste Paulin 30
Gepäcknetz 51
Gierwinkelsensor 74
Glasfaserkabel 51
Grand Edition 139
Gurtkraft-Begrenzer 33
Gurtstraffer 33, 34, 50
Harman/Kardon 106
Hauptmärkte 222
Head/Thorax-Bag 107
Headbag 159, 160

Heizmatik ... 103
Hitzeerprobung ... 224
Hydraulikzylinder ... 27
Intelligent Light System ... 157, 158, 159, 176, 187
Karmann ... 88
Klappensaugrohr ... 131
Kommunikationsmodul ... 205
Kraftfahrt-Bundesamt ... 222
Kugelumlauflenkung ... 108, 109
LED-Tagfahrleuchte ... 158
Lenkgetriebe ... 75, 181
Lenkwinkelsensor ... 74
Lieferfristen ... 42
Limiter ... 49, 73
LINGUATRONIC ... 134, 163
Live Traffic ... 177
LTE ... 181, 198, 205
Luftwiderstandsbeiwert ... 37, 38, 156
MAGIC SKY CONTROL ... 153, 154
Magnesium ... 26, 27, 93, 153
MAP PILOT ... 162
Marcel Pourtout ... 30
Mazda MX-5 ... 11, 44, 45
McPherson-Federbeine ... 108
Media-Interface ... 134, 176
Mehrfachfunkenzündung ... 153
Memory-Paket ... 210
Mille Miglia ... 49, 50, 80, 81
Mille Miglia Edition ... 48, 49, 80
Mini-Spoiler ... 37
Navigationssystem ... 51, 88
NECK-PRO ... 159, 161
Nico Rosberg ... 173s
Nockenwellenversteller ... 153
Ottopartikelfilter ... 205
Parameterlenkung ... 105, 132, 133
Peugeot 401 ... 30
Playboy Combination Roadster ... 30
Porsche Boxster ... 18, 44
Powerdomes ... 18, 19
PRE-SAFE ... 159
Projektionsscheinwerfer ... 91, 98, 102
Raumlenker-Hinterachse ... 40, 41
Reboard-Kindersitz ... 33, 35
RedArt Edition ... 204, 205, 207
Reifendruckverlustwarnung ... 105, 109, 179
Remote online ... 198
Restkofferraum-Abtrennung ... 195
Safety Car ... 5, 112, 120
Salzlandkreis ... 224, 225, 231
Scheinwerferreinigungsanlage ... 61, 125
Seitenaufprall ... 33, 107, 108
Showcar ... 5, 11, 16, 44, 182
Sidebags ... 33
Sourdough Saloon ... 224, 225, 231
Special Edition ... 80, 81, 84
SPEEDTRONIC ... 73, 119
Sport Edition ... 124, 125
Sportfahrwerk ... 105, 108, 120, 121, 155, 195, 201
Sportmotor ... 128, 131, 132, 139, 141
Sport-Paket AMG ... 147, 177, 178
Spurhalte-Assistent ... 176
Stahlklappdach ... 5, 12, 30, 44
Start-Stopp-Automatik ... 152, 165, 178, 218, 219
Steuerkette ... 69
Streuscheibe ... 39, 102
Surround-Soundsystem ... 106, 134
Tempomat ... 16, 49, 50, 73, 119, 125, 159, 161
THERMATIC ... 103, 104, 125
THERMOTRONIC ... 104, 105
Thorax-Airbag ... 107, 159
Tippschaltung ... 70, 71, 73, 93
Tirefit ... 29, 180, 182
TMC ... 177
Totwinkel-Assistent ... 176
Transponder ... 35
Tumble-Klappen ... 97
Überrollbügel ... 12, 18, 27, 29, 31, 34, 37, 39, 81, 84, 157, 178
Umweltzertifikat ... 164
Variodach . 12, 16, 27, 29, 30, 86, 87, 101, 107, 112, 120, 140, 141, 153, 156, 164, 177, 181, 193, 195, 218–220
Vierventiltechnik ... 24
Vollverzinkung ... 107
Vorbaustruktur ... 31
Wartungsanzeige ... 21, 66
Wendeboden ... 153, 155
Werk Bremen ... 85, 128, 222, 224
Wertmeister ... 224
Windschott ... 16, 37, 38, 39, 51, 67, 119, 120, 138, 155, 157
Winterfahrprogramm ... 24
Xenonscheinwerfer ... 61
Zahnstangenlenkung ... 108, 133
Zentralverriegelung ... 16, 35, 51, 106
Zylinderabschaltung ... 165, 167

PARLIAMENT
310
5C28
9N19
3D90
NYC TAXI
1E36
4L30

Danke

Ich möchte mich an dieser Stelle bei all den Mitarbeitern von Mercedes-Benz bedanken, dich mich bei der Recherche für dieses Buch mit Rat und Tat unterstützt haben. Besonders hervorheben möchte ich (in alphabetischer Reihenfolge): Hans-Henning Baecker, Jessica Engelke, Reinhard Haake, Silvie Kiefer, Pedro Krümmel, Volker Müller, Stefan Schuster und Petra Secunde – und vor allem Gerhard Heidbrink. Auch Sven Kamm (Inhaber und Webmaster von mbslk.de), Dieter Jakubik (Präsident des Mercedes-Benz SLK Club e.V.) und Bernardo Friese (Inhaber und Webmaster von slkclassic.de) danke ich für ihre Hilfsbereitschaft.

Doch Unterstützung gab es auch von zu Hause: So hat mich mein Sohn Finn bei den Recherchen unterstützt, sich in die Filmhistorie des SLK eingearbeitet und einiges in Photoshop bearbeitet. Mein besonderer Dank gilt aber meiner Frau Antje, die während des Entstehungsprozesses dieses Buchs wirklich nicht viel von ihrem Mann hatte. Und dann auch noch zum Korrekturlesen verdammt wurde.